U0216995

普通高等教育“十一五”国家级规划教材配套教辅

工程材料学习指导

第3版

主　编　崔占全　孙振国

副主编　王正品　陈　扬

参　编　朱张校　王海龙　李　慧

　　　　戚　力　张向红

主　审　郑明新　王天生

机 械 工 业 出 版 社

本书为普通高等教育“十一五”国家级规划教材——《工程材料》（第3版）（崔占全、孙振国主编）的配套教材。其内容包括四部分：第一部分工程材料内容提要与学习重点；第二部分习题及参考答案；第三部分课堂讨论；第四部分实验。

本书可作为工科院校机械类及近机类专业教材，也可供相关专业的工程技术人员参考。

图书在版编目（CIP）数据

工程材料学习指导/崔占全，孙振国主编. —3版. —北京：机械工业出版社，2013.5（2023.1重印）
普通高等教育“十一五”国家级规划教材配套教辅
ISBN 978-7-111-41836-8

Ⅰ.①工… Ⅱ.①崔…②孙… Ⅲ.①工程材料-高等学校-教学参考资料 Ⅳ.①TB3

中国版本图书馆CIP数据核字（2013）第051683号

机械工业出版社（北京市百万庄大街22号 邮政编码100037）
策划编辑：冯春生 责任编辑：冯春生 韩 冰
版式设计：潘 蕊 责任校对：李锦莉
封面设计：张 静 责任印制：郜 敏
北京盛通商印快线网络科技有限公司印刷
2023年1月第3版·第6次印刷
184mm×260mm·10.5印张·253千字
标准书号：ISBN 978-7-111-41836-8
定价：29.00元

电话服务	网络服务
客服电话：010-88361066	机 工 官 网：www.cmpbook.com
010-88379833	机 工 官 博：weibo.com/cmp1952
010-68326294	金 书 网：www.golden-book.com
封底无防伪标均为盗版	机工教育服务网：www.cmpedu.com

第3版前言

本书为普通高等教育"十一五"国家级规划教材——《工程材料》（第3版）（崔占全、孙振国主编）的配套教材。自2003年第1版问世以来，由于该教材体系科学合理、内容取舍得当且深浅度适中、符合当前学时少内容广的教学现状，因此颇受使用该教材院校的师生好评，已多次重印。

本次修订是在保持第2版教材体系的基础上进行调整的，其内容包括四部分：第一部分为工程材料内容提要及学习重点；第二部分为习题及参考答案；第三部分为课堂讨论；第四部分为实验。由崔占全、戚力制作了"工程材料"教学课件，力图打造"工程材料"课程的立体化教材。

参加本次修订的人员有：第一章、第四章的内容提要及学习重点，习题一、四、六及附录由燕山大学崔占全教授编写与修订；第二章的内容提要及学习重点、习题二、课堂讨论一及实验三由清华大学朱张校教授编写与修订；第三章的内容提要及学习重点、习题三、课堂讨论三及实验六由西安工业大学王正品教授编写与修订；第五章的内容提要及学习重点、习题五由河北建材职业技术学院张向红副教授编写与修订；第六章的内容提要及学习重点由江苏科技大学孙振国教授编写与修订；第七章的内容提要及学习重点、习题七由燕山大学戚力副教授编写与修订；第八章及第九章的内容提要及学习重点、习题八、习题九、课堂讨论四由辽宁工业大学陈扬教授编写与修订；实验一、二、七由燕山大学李慧高级工程师编写与修订；课堂讨论二、实验四、实验五由江苏科技大学王海龙教授编写与修订。全书由崔占全、孙振国担任主编，王正品、陈扬担任副主编，清华大学郑明新教授、燕山大学王天生教授担任主审。

在本书的修订过程中，燕山大学赵品教授、景勤教授、杨庆祥教授、刘文昌教授、高聿为教授等人提出了许多有益建议，在此一并表示感谢！

由于编者水平所限，错误及不足之处在所难免，敬请读者批评指正。

编　者

第2版前言

本书为普通高等教育“十一五”国家级规划教材——《工程材料》(第2版)(崔占全、孙振国主编)的配套教材。第1版自2003年出版以来，由于该教材在“工程材料”课程的教学以及学生进一步巩固所学知识上，均起到了很好的效果，因此已多次重印，颇受使用该教材院校的好评。

本次修订，是根据《工程材料》(第2版)的修订内容进行调整的，其内容包括四部分：第一部分为工程材料内容提要及学习重点；第二部分为习题；第三部分为课堂讨论；第四部分为实验。参加本次修订的人员为：第一、四章，习题一、四、六及附录由燕山大学崔占全教授编写；第二章、习题二、讨论一及实验三由清华大学朱张校教授编写；第三章、习题三、讨论三及实验六由西安工业学院王正品教授编写；第六章由江苏科技大学孙振国教授编写；第五章及习题五由河北建材职业技术学院张向红编写；第七章及习题七由燕山大学戚力编写；第八、九章，习题八、九，讨论四由辽宁工业大学陈扬副教授编写；实验一、二、七由燕山大学李慧高级工程师编写；讨论二，实验四、五由江苏科技大学王海龙副教授编写。全书由崔占全、孙振国担任主编，王正品、陈扬担任副主编；全书由清华大学郑明新教授、燕山大学王天生教授担任主审。

为配合本书，光盘中由戚力制作了参考答案(不含习题)。

本书在修订过程中，燕山大学荆天辅、赵品、高聿为教授提出了许多有益建议，高聿为协助审阅了部分书稿，在此表示谢意。

由于编者水平有限，错误及不足之处在所难免，敬请读者批评指正。

编　者

第1版前言

本书是根据第九届全国“工程材料”课程协作组会议决定编写的。其目的是为了适应我国高等教育改革形势下的教学需要，本着加强基础、淡化专业，注重宽口径培养、能力培养、素质教育的宗旨，同时考虑到各高校减少该课程学时的实际情况，我们组织了有关院校第一线教师编写了《工程材料学习指导》。本书为《工程材料》的配套教材，也可作为机械类及近机械类各专业的通用教材及相关专业的工程技术人员的参考书。

本书共分四部分：第一部分工程材料内容提要及学习重点；第二部分习题；第三部分课堂讨论；第四部分实验。其中第一章、习题一由燕山大学王天生副教授编写；第二章、习题二、讨论一及实验三由清华大学朱张校教授编写；第三章、习题三、讨论三及实验六由西安工业学院王正品教授编写；第四、五章，习题四～六及附录由燕山大学崔占全教授编写；第六章由华东船舶工程学院孙振国教授编写；第七章及习题七由燕山大学杨庆祥教授编写；第八、九章，习题八、九，讨论四由辽宁工业大学陈扬副教授编写；实验一、二、七由燕山大学李慧高级工程师编写；讨论二，实验四、五由华东船舶工程学院王海龙副教授编写。全书由崔占全、孙振国主编，王正品、陈扬副主编，由清华大学郑明新教授主审。

本书在编写过程中，参考和引用了一些文献资料的有关内容，并得到了机械工业出版社教材编辑室的大力支持与指导，在此一并表示感谢。

由于编写水平有限，错误及不足之处难以避免，敬请读者批评指正。

编 者

目　录

第一部分　工程材料内容提要及学习重点

第一章　材料的结构与性能

三大固体材料（金属材料、高分子材料、陶瓷材料）的结合方式、结构与性能有着十分密切的关系。

一、材料的性能

（一）材料的使用性能

材料的使用性能包括力学性能、物理性能及化学性能。

1. 材料的力学性能

材料的力学性能是指材料在外加载荷作用时所表现出来的性能，包括强度、硬度、塑性、韧性及疲劳强度等。

（1）弹性和刚度　弹性是指材料产生弹性变形而不发生塑性变形或破坏的能力；刚度是指材料保持自身形状抵抗变形的能力。

（2）强度和塑性　强度是指材料在外力作用下抵抗变形和破坏的能力（包括抗拉强度、抗弯强度、抗剪强度等）；塑性是指材料在外力作用下产生塑性变形而不破坏的能力（包括伸长率、断面收缩率等）。

（3）硬度　硬度是指材料对局部塑性变形的抗力。常用的硬度测量方法是压入法，主要有布氏硬度（HBW）、洛氏硬度（HR）、维氏硬度（HV）等。陶瓷等材料还常用克努普氏显微硬度（HK）和莫氏硬度（划痕比较法）作为硬度指标。

（4）韧性

1）冲击韧性。材料抵抗冲击载荷而不破坏的能力称为冲击韧性，其试验方法有摆锤式一次冲击试验、小能量多次冲击试验。

2）断裂韧度。断裂韧度 K_{IC} 是表示材料抵抗裂纹失稳扩展能力的力学性能指标。

（5）疲劳　在交变应力作用下，材料所承受的应力虽然低于其屈服强度，但经过较长时间的工作会产生裂纹或突然断裂，这种现象称为材料的疲劳。将恰好在 N 次循环时失效的估计应力值称为疲劳强度。可通过合理选材、细化晶粒，减少材料和零件的缺陷，改善零件的结构设计，避免应力集中，降低零件的表面粗糙度，对零件表面进行强化处理（喷丸处理、表面淬火、化学渗镀工艺等）来提高零件的疲劳强度。

2. 材料的物理和化学性能

（1）材料的物理性能　包括密度、熔点、导热性、导电性、热膨胀性、磁性等。

（2）材料的化学性能　包括耐蚀性、抗氧化性等。

（二）材料的工艺性能

（1）铸造性能　材料铸造成形获得优良铸件的能力称为铸造性能，常用铁液的流动性、收缩性和成分偏析来衡量。

（2）锻造性能　材料对用锻造加工方法成形的适应能力称为锻造性能，它主要取决于材料的塑性和变形抗力。

（3）切削加工性能　材料接受切削加工的难易程度称为切削加工性能，一般用切削速度、表面粗糙度和刀具使用寿命来衡量。

（4）焊接性能　材料是否能适应焊接加工而形成完整的、具有一定使用性能的焊接接头的特性称为焊接性能。

（5）热处理性能　材料是否适应热处理并使其性能得以改善或强韧化的性能称为热处理性能。

二、材料的结合方式及工程材料的键性

1. 结合键

组成物质的质点（原子、分子或离子）间的相互作用力称为结合键，主要有共价键、离子键、金属键、分子键。

金属具有以下特性：良好的导电性及导热性；正的电阻温度系数，即随温度升高电阻增大；良好的强度及塑性；具有金属光泽。

2. 工程材料的键性

绝大多数金属材料的结合键是金属键，少数具有共价键和离子键，所以金属材料的金属特性特别明显。

陶瓷材料的结合键是离子键和共价键，大部分材料以离子键为主，所以陶瓷材料具有高的熔点和很高的硬度，且脆性较大。

高分子材料的结合键是共价键和分子键，即分子内靠共价键结合，分子间靠分子键结合。

3. 晶体与非晶体

所谓晶体，是指原子在其内部沿三维空间呈周期性重复排列的一类物质。

晶体的主要特点是：①结构有序；②物理性质表现为各向异性；③有固定的熔点；④在一定条件下有规则的几何外形。

所谓非晶体，是指原子在其内部沿三维空间呈紊乱、无序排列的一类物质。

非晶体的特点是：①结构无序；②物理性质表现为各向同性；③没有固定的熔点；④热导率和热膨胀性小；⑤塑性变形大；⑥化学组成的变化范围大。

非晶体的结构是近程有序，即在很小的尺寸范围内存在着有序性；而晶体内部虽然存在长程有序结构，但在小范围内存在缺陷，即在很小的尺寸范围内存在着无序性。同一物质在不同条件下，既可形成晶体结构，又可形成非晶体结构。

三、金属的结构

所谓金属，是指具有正的电阻温度系数及金属特性的一类物质。所谓合金，是指由两种或两种以上的金属或金属与非金属元素经熔炼、烧结或其他方法组合而成的具有金属特性的一类物质。

（一）纯金属的晶体结构

1. 晶体的基本概念

把原子看成空间的几何点，这些点的空间排列称为空间点阵。用一些假想的空间直线把这些点连接起来，就构成了三维的几何格架，称为晶格。从晶格中取出一个最能代表原子排列特征的最基本的几何单元，称为晶胞。晶胞各棱边的尺寸 a、b、c 称为晶格常数。

各种晶体物质的晶格类型及晶格常数由原子结构、原子间的结合力（结合键）的性质决定。按原子排列形式及晶格常数不同可将晶体分为七种晶系。

原子半径是指晶胞中原子密度最大方向上相邻两原子之间距离的一半。

晶胞所含原子数是指一个晶胞内真正包含的原子数目。不同晶格类型的晶胞所含原子数目是不同的。

晶格中与任意一个原子相距最近且等距离的原子数目称为配位数。

晶胞中所含原子所占有的体积与晶胞体积之比称为致密度。

2. 常见金属的晶格类型

常见金属的晶格类型包括体心立方晶格（bcc）、面心立方晶格（fcc）和密排六方晶格（hcp）。

3. 立方晶系的晶面、晶向表示方法

在晶体中，由一系列原子所组成的平面称为晶面。任意两个原子之间的连线称为原子列，其所指方向称为晶向。表示晶面的符号称为晶面指数，如（111）；表示晶向的符号称为晶向指数，如［101］。

不同晶体结构中不同晶面、不同晶向上的原子排列方式和排列紧密程度是不一样的。

4. 金属的实际结构与晶体缺陷

如果一块晶体内部的晶格位向完全一致，则称该晶体为单晶体。由多晶粒构成的晶体称为多晶体。在实际晶体中原子排列存在着许多不完整性及不规律性，通常称为缺陷。缺陷按其尺寸大小可分为以下几种：

（1）点缺陷　是指三维尺度都很小、不超过几个原子直径的缺陷，包括空位与间隙原子。

（2）线缺陷　是指二维尺度很小而另一维尺度很大的缺陷，包括各种类型的位错（刃型位错和螺型位错）。所谓位错，是指晶体中一列或若干列原子沿一定晶面与晶向发生了某种有规律的错排现象，它也是晶体中已滑移晶体与未滑移晶体的分界线。

（3）面缺陷　是指二维尺度很大而另一维尺度很小的缺陷。金属晶体中的面缺陷主要有晶界和亚晶界等。

（二）合金的相结构

组成合金的最基本独立单元叫做组元。相是指合金中具有同一化学成分、同一结构和原子聚集状态，并以界面互相分开的、均匀的组成部分。所谓组织，是指用肉眼或显微镜观察到的不同组成相的形状、尺寸、分布及各相之间的组合状态。

1. 固溶体

合金的组元之间通过溶解形成一种成分及性能均匀的且结构与其中一种组元相同的固相称为固溶体。

（1）固溶体的分类　按溶质原子在溶剂晶格中的位置不同，可将固溶体分为置换固溶体与间隙固溶体两种类型。按溶质原子在固溶体中的溶解度不同可分有限固溶体和无限固溶体两种类型。按溶质原子在固溶体中的分布是否有规律，可分为有序固溶体和无序固溶体两种类型。

影响固溶体类型和溶解度的主要因素有组元的原子半径、电化学性质和晶格类型等。

（2）固溶体的性能 固溶体性能的特点是强度较高，特别是塑性、韧性高，因此常用作基体相。固溶体可以通过增加溶质含量来增加强度、硬度，即固溶强化。固溶强化是金属强化的重要方式之一。

2. 金属化合物

由合金组元相互作用形成晶格类型和特性完全不同于任一组元的新相，称为金属化合物，或称为中间相。金属化合物的性能特点是熔点较高、硬度高、脆性大，常用作合金中的强化相。

若组元间电负性相差较大，且形成的化合物严格遵守化合价规律，则此类化合物称为正常价化合物。若组元间形成的化合物不遵守化合价规律，但符合一定电子浓度规律（化合物中价电子数与原子数之比），则此类化合物称为电子化合物。

由过渡族元素与碳、氮、氢、硼等原子半径较小的非金属元素形成的化合物称为间隙化合物。

间隙化合物又可分为具有简单结构的间隙相和具有复杂结构的间隙化合物。当非金属原子半径与金属原子半径之比小于 0.59 时，形成具有简单晶格的间隙化合物，称为间隙相；当非金属原子半径与金属原子半径之比大于 0.59 时，形成具有复杂结构的间隙化合物。

四、高分子材料的结构与性能

（一）高分子材料的基本概念

高分子材料是以高分子化合物为主要组分的材料。

1. 高分子化合物的组成

高分子化合物的相对分子质量虽然很大，但其化学组成并不复杂，都是由一种或几种简单的低分子化合物通过共价键重复连接而成的。这类能组成高分子化合物的低分子化合物称为单体，它是合成高分子材料的原料。由一种或几种简单的低分子化合物通过共价键重复连接而成的链称为分子链。大分子链中的重复结构单元称为链节；链节的重复次数即链节数称为聚合度。

2. 高分子化合物的聚合

由低分子化合物合成高分子化合物的基本方法有以下两种：

（1）加聚反应（加成聚合反应） 由一种或多种单体相互加成，或由环状化合物开环相互结合成聚合物的反应称为加聚反应。

（2）缩聚反应 由一种或多种单体互相缩合生成聚合物，同时析出其他低分子化合物（如水、氨、醇、卤化氢等）的反应称为缩聚反应。

3. 高分子化合物的分类及命名

（1）分类 按性能及用途分为塑料、橡胶、纤维、胶粘剂、涂料；按聚合物反应类型分为加聚物、缩聚物；按聚合物的热行为分为热塑性塑料、热固性塑料；按主链上的化学组成分为碳链聚合物、杂链聚合物、元素链聚合物。

（2）高分子化合物的命名 习惯命名法、商品名称、英文名称的缩写。

（二）分子化合物的结构

1. 高分子链结构（分子内结构）

（1）高分子链结构单元的化学组成

（2）高分子键的形态 可分为线型分子链、支链型分子链、体型分子链。

（3）高分子链中结构单元的连接方式

1）加聚物中聚氯乙烯单体的连接方式：头-尾连接、头-头或尾-尾连接、无规则连接。

2）共聚物中单体的连接方式：无规共聚、交替共聚、嵌段共聚、接枝共聚。

（4）高分子链的构型（链结构）　可分为全同立构、间同立构、无规立构。

（5）高分子链的构象　由于单键内旋所引起的原子在空间占据不同位置所构成的分子键的各种形象，称为高分子链的构象。

2. 高分子的聚集态结构（分子间结构）

高分子化合物的聚集态结构是指在高聚物内部高分子链之间的几何排列为堆积结构，也称为超分子结构。依分子在空间排列的规整性可将高聚物分为结晶型、部分结晶型和无定形（非晶态）三类。

（三）高分子化合物的力学状态

（1）线型非晶态高分子化合物的力学状态　包括玻璃态、高弹态、粘流态。

（2）其他类型高聚物的力学状态

（四）高分子材料的性能特点

（1）高分子材料的力学性能特点　低强度和较高的比强度；高弹性和低弹性模量；粘弹性；高耐磨性。

（2）高分子材料的物理及化学性能特点　高绝缘性；低耐热性；低导热性；高的热膨胀性；高化学稳定性。

（3）高分子材料的老化及防止措施　高分子材料在长期储存和使用过程中，由于受氧、光、热、机械力、水蒸气及微生物等外因的作用，使性能逐渐退化，直至丧失使用价值的现象称为老化。老化的根本原因是在外部因素的作用下，高聚物分子链产生了交联和裂解。目前采用的防止老化措施有三种：改变高聚物的结构、添加防老剂、表面处理。

五、陶瓷材料的结构与性能

所谓陶瓷，是指用天然硅酸盐（粘土、长石、石英等）或人工合成化合物（氮化物、氧化物、碳化物、硅化物、硼化物、氟化物）为原料，经粉碎、配置、成型和高温烧制而成的一种无机非金属材料。

通常按照组织形态不同，可将陶瓷材料分为三大类：无机玻璃、微晶玻璃和陶瓷。

陶瓷的典型组织由晶体相、玻璃相、气相组成。晶体相是陶瓷的主要组成相，主要类型有硅酸盐（莫来石、长石）、氧化物（氧化物是大多数陶瓷特别是特种陶瓷的主要组成和晶体相）、非氧化合物（非氧化合物是指不含氧的金属碳化物、氮化物、硼化物和硅化物）。

陶瓷的刚度大、硬度高、拉伸强度低、弯曲强度较高、压缩强度非常高；但塑性很差、韧性很低、脆性大。另外，陶瓷的热膨胀系数低、导热性差、热稳定性低、化学稳定性高、导电性极差。

第二章 金属材料组织与性能的控制

结晶、塑性变形、热处理、合金化、表面处理等工艺对金属材料组织与性能有着十分重要的影响。在实际生产中可以通过采用不同的工艺方法和工艺参数对金属材料组织与性能进行控制，以获得所需要的工艺性能和使用性能。

一、金属的结晶

1. 纯金属的结晶

液态金属结晶的条件是要有一定的过冷度，结晶过程的推动力是液相与固相之间的自由能差。液态金属结晶是由形核和长大两个密切联系的基本过程来实现的。晶核的形成有两种方式：自发形核和非自发形核。在实际金属和合金中，非自发形核往往起优先的、主导的作用。晶体的长大有平面长大和树枝状长大两种方式，实际金属结晶时，一般均为树枝状长大方式。

1）金属在固态下随温度的改变，由一种晶格转变为另一种晶格的现象，称为同素异构转变。

2）典型铸锭明显地分为三个各具特征的晶区：细等轴晶区、柱状晶区、粗等轴晶区。

3）细化铸态金属晶粒的措施包括增大金属的过冷度、变质处理、振动、电磁搅拌等。

2. 二元合金的结晶

运用合金相图分析合金的结晶过程，二元合金的基本相图有匀晶相图、共晶相图、包晶相图、共析相图等。从液相中结晶出固溶体的反应叫做匀晶反应；由一种液相在恒温下同时结晶出两种固相的反应叫做共晶反应；由一种液相和一种固相在恒温下生成另一种固相的反应叫做包晶反应；由一种固相转变成完全不同的两种相互关联的固相的反应叫做共析反应。合金处于两相时，可用杠杆定律计算出两种相分别在合金中的质量分数。合金的工艺性能、使用性能与合金相图有着密切的关系。

3. 铁碳相图

铁碳相图是研究钢和铸铁的基础，对于钢铁材料的应用以及热加工和热处理工艺的制订具有重要的指导意义。$Fe\text{-}Fe_3C$ 相图中存在五种相：液相 L、δ 相、α 相、γ 相、Fe_3C 相。

根据铁碳相图对典型铁碳合金的结晶过程进行分析，可研究铁碳合金的成分、组织与性能之间的关系。

工业纯铁的室温平衡组织为 F，由于其强度低、硬度低，不宜用作结构材料。

共析钢的室温平衡组织全部为 P，亚共析钢的室温平衡组织为 F + P，过共析钢的室温平衡组织为 $Fe_3C_{II} + P$。碳钢的强韧性较好，应用广泛。

亚共晶白口铸铁的室温平衡组织为 $P + Fe_3C_{II} + L'd$，共晶白口铸铁的室温平衡组织为 L′d，过共晶白口铸铁的室温平衡组织为 $Fe_3C_I + L'd$。白口铸铁的室温平衡组织中含有莱氏体（L′d），其硬度高、脆性大，应用较少。

$Fe\text{-}Fe_3C$ 相图在生产中具有很大的实际意义，主要应用在钢铁材料的选用和加工工艺的制订两个方面。

本节应掌握结晶过程中形核和长大的概念，特别是非自发形核和树枝状长大的概念，以及过冷度对结晶过程的影响规律及获得细晶的方法。掌握具有匀晶相图、共晶相图的合金的结晶过程，熟练运用杠杆定律。熟悉铁碳相图，会根据铁碳相图对典型铁碳合金结晶过程进行分析，掌握铁碳合金的成分与组织、性能之间的关系。

二、金属的塑性变形

单晶体金属塑性变形的基本方式是滑移和孪生，滑移是位错运动的结果。多晶体金属塑性变形时，由于晶界对位错运动的阻碍作用，增大了对塑性变形的抗力。细晶粒金属材料晶界多，故强度较高，塑性好，韧性比较好。

金属塑性变形造成晶格歪扭、晶粒变形和破碎，出现亚结构，甚至形成纤维组织。当外力去除后，金属内部还存在残留内应力。塑性变形使位错密度增加，从而使金属的强度、硬度增加，而塑性、韧性下降，即产生加工硬化。

塑性变形后的金属再加热时，随着加热温度的升高，将经历回复、再结晶与晶粒长大等过程。再结晶后，金属形成新的无畸变的并与变形前相同晶格形式的等轴晶粒，同时位错密度降低，加工硬化现象消失。

再结晶的开始温度主要取决于变形度，变形度越大，再结晶开始温度越低。大变形度（70%～80%）的金属的再结晶温度与熔点的关系为

$$T_{再}=(0.35\sim0.40)T_{熔}$$

式中，温度单位为热力学温度（K）。

再结晶后的晶粒大小与加热温度和预先变形度有关，加热温度越低或预先变形度越大，其再结晶后的晶粒越细。但要注意临界变形度的情况，即对于一般金属，当变形度为2%～10%时，由于变形很不均匀，会出现晶粒的异常长大，导致性能急剧下降。

本节重点要掌握塑性变形的机制、加工硬化的本质及实际意义、再结晶的概念和应用以及冷、热加工的区别等。

三、钢的热处理

热处理是将固态金属或合金在一定介质中加热、保温和冷却，以改变其整体或表面组织，从而获得所需性能的一种工艺。热处理是改善金属材料的使用性能和加工性能的一种非常重要的工艺方法。

（一）钢的热处理原理

1. 钢在加热时的组织转变——奥氏体转变

（1）共析钢在加热时的奥氏体形成过程　奥氏体的形成过程包括：①奥氏体晶核优先在铁素体与渗碳体的界面上形成；②奥氏体晶核长大；③残留渗碳体溶解；④奥氏体成分均匀化。

（2）奥氏体晶粒大小及控制

1）奥氏体晶粒大小的表示方法包括：①晶粒平均直径表示；②单位体积或单位面积内所包含的晶粒个数表示；③与标准金相图片（标准评级图）相比较的方法来评定。晶粒度分为起始晶粒度、实际晶粒度、本质晶粒度。

2）控制晶粒大小的因素有加热温度及保温时间、加热速度、钢的原始组织及化学成分。

2. 钢在冷却时的组织转变

（1）过冷奥氏体转变图

1）亚共析钢、过共析钢过冷奥氏体等温转变图的特点是：与共析钢不同，在奥氏体转

变为珠光体之前，有先共析铁素体或渗碳体析出。因此，在亚共析钢的等温转变图上多出一条铁素体析出线，过共析钢则多出一条渗碳体析出线。

2）过冷奥氏体连续转变图。与过冷奥氏体等温转变图相比，其形状及位置均发生了改变。从形状上看，亚共析钢过冷奥氏体连续转变图中的珠光体、贝氏体转变区变成了两个单独区域（两个鼻尖）；共析钢、过共析钢过冷奥氏体转变图无贝氏体转变区。从位置上看，过冷奥氏体连续转变图向左下方移。

（2）过冷奥氏体转变过程、产物、组织及性能　可用等温转变图分析过冷奥氏体在不同条件下转变为各种产物（珠光体型、贝氏体型和马氏体）的转变过程、产物特征及其性能。

1）过冷奥氏体的高温转变产物是珠光体型组织。珠光体是铁素体与渗碳体的机械混合物，转变温度越低，层间距越小。按层间距不同可将珠光体型组织分为珠光体（P）、索氏体（S）和托氏体（T）。

2）过冷奥氏体的中温转变产物是贝氏体型组织，分为上贝氏体和下贝氏体两种类型。

3）过冷奥氏体的低温转变产物是马氏体，马氏体是碳在α-Fe中的过饱和固溶体。

马氏体转变是一种非扩散型转变，马氏体的形成速度很快，马氏体转变是不彻底的，总要残留少量奥氏体。马氏体形成时体积膨胀，在钢中造成很大的内应力，严重时将使被处理零件开裂。

马氏体的形态有板条状和针状（或片状）两种类型。奥氏体中碳的质量分数在0.25%以下时，基本上是板条马氏体（亦称为低碳马氏体）；碳的质量分数在1.0%以上时，基本上是针状马氏体（亦称为高碳马氏体）。

高碳马氏体由于过饱和度高、内应力大和存在孪晶亚结构，所以硬而脆，塑性、韧性极差，但晶粒细化得到的隐晶马氏体却有一定的韧性。低碳马氏体由于过饱和度低，内应力小和存在位错亚结构，则不仅强度高，而且塑性、韧性也较好。马氏体的比体积比奥氏体的大。马氏体是一种铁磁相。马氏体的晶格有很大的畸变，因此它的电阻率高。

3. 钢在回火时的组织转变

回火时的组织转变过程包括：①马氏体分解（100～200°C）；②残留奥氏体转变（200～300°C）；③碳化物转变（300～400°C）；④渗碳体的聚集长大和α相回复与再结晶。

（二）钢的热处理工艺

改变金属整体组织的热处理包括退火、正火、淬火和回火四种工艺；改变金属表面或局部组织的热处理工艺有表面淬火和化学热处理两种方法。

本节的重点是运用等温转变图分析过冷奥氏体在不同条件下转变为各种产物的转变过程、产物特征及其性能，以及回火转变后各种组织的本质、形态和性能特点。在工艺方面，要抓住各类热处理工艺-组织-性能-应用的规律和特点，熟悉退火、正火、淬火、回火、表面淬火的化学热处理等热处理工艺，掌握钢的淬透性的概念和应用，能制订热处理工艺规范并对实际问题具有一定的工艺分析能力。

四、钢的合金化

合金元素在钢中的存在形式主要有两种：①合金元素溶入铁碳合金的三个基本相（铁素体、渗碳体和奥氏体）中，分别形成合金铁素体、合金渗碳体和合金奥氏体；②合金元素在铁素体和奥氏体中起固溶强化作用，合金元素与碳形成碳化物，合金碳化物熔点高、硬度高，加热时难以溶入奥氏体，故对钢的性能产生很大的影响。

V、Ti、Nb、Zr、Al 等元素强烈阻止奥氏体晶粒长大，Mn、P 促使奥氏体晶粒长大；Si、Ni、Cu 对奥氏体晶粒长大影响不大。

除 Co 以外，所有合金元素都使等温转变图往右移动，降低钢的临界冷却速度，从而提高钢的淬透性。除 Co、Al 以外，所有合金元素都使 *Ms* 和 *Mf* 点下降，其结果是使淬火后钢中的残留奥氏体量增加。残留奥氏体量过多时，钢的硬度下降，疲劳强度下降，因此应很好地控制其含量。

合金元素可提高钢的耐回火性。耐回火性是指钢对于回火时所发生的软化过程的抗力。提高耐回火性较强的元素有 V、Si、Mo、W、Ni、Mn、Co 等。

若钢中含有大量的碳化物形成元素如 W、V、Mo 等，在 400℃以上回火时形成和析出如 W_2C、Mo_2C 和 VC 等高弥散度的合金碳化物，使钢的强度、硬度升高，即产生二次硬化现象。Mo、W 可以避免高温回火脆性出现。

合金元素可以通过细晶强化、固溶强化、第二相强化使钢的强度增加。马氏体相变加上回火转变是钢中最经济、最有效的综合强化手段。合金元素使钢能更容易地获得马氏体，只有得到马氏体，钢的综合强化才能得到保证。

合金元素可使钢的韧性提高，可细化晶粒、细化碳化物、提高钢的耐回火性、改善基体（铁素体）的韧性（加 Ni）、消除回火脆性（加 Mo、W）。

本节重点掌握合金元素在钢中的作用和对钢的相变过程的影响规律，理解合金元素提高钢的强度和韧性的原因。

五、表面处理新技术

表面处理新技术包括热喷涂、气相沉积和激光强化等。

（1）热喷涂　是指利用热源将金属或非金属材料加热到熔化或半熔化状态，用高速气流将其吹成微小颗粒（雾化），喷射到工件表面，形成牢固的覆盖层的表面加工方法。

（2）气相沉积　是指从气相物质中析出固相并沉积在基材表面的一种新型表面镀膜技术，分为化学气相沉积（CVD）及物理气相沉积（PVD）两大类。利用气态化合物（或化合物的混合物）在基体受热表面发生化学反应，并在该基体表面生成固态沉积物的方法称为化学气相沉积；在真空环境中，以物理方法产生的原子或分子沉积在基材上，形成薄膜或涂层的方法称为物理气相沉积。

（3）激光强化　激光具有 $10^4 \sim 10^8 W/cm^2$ 的高功率密度，使被照射材料表面的温度瞬时上升至相变点、熔点甚至沸点以上，并产生一系列物理或化学的现象。激光强化技术包括激光相变硬化、激光熔覆、激光熔凝等。

1）激光相变硬化（激光淬火）。用激光束照射工件，使需要硬化的部位温度急剧上升，形成奥氏体，而工件基体仍处于冷态。停止激光照射时，加热区因急冷而实现工件的自冷淬火，获得超细化的隐晶马氏体组织。

2）激光熔覆。用激光在基体表面覆盖一层薄的具有特定性能的涂覆材料。

3）激光熔凝。用激光束加热工件表面，使工件表面熔化到一定深度后自冷，使熔层凝固，获得细化均质的熔凝层组织。

表面技术可以大大提高工程材料的耐蚀性、耐磨性及耐疲劳性能，可延长工件的使用寿命，因此具有重要的经济意义。

本节应重点掌握气相沉积和激光强化技术。

第三章　金属材料

工业用钢、铸铁、有色金属等各种金属材料是目前工业上广泛应用的工程材料，学生应掌握常用金属材料的牌号、成分特点、热处理特点、性能及应用。

一、工业用钢

（一）钢的分类及编号

1. 分类

1）按化学成分分类：碳素钢和合金钢。

2）按质量分类：普通钢、优质钢和高级优质钢。

3）按冶炼方法分类：根据炉别分为平炉钢、转炉钢和电炉钢。

4）按用途分类：结构钢、工具钢和特殊性能钢。

2. 牌号的编制方法

牌号用数字＋元素符号＋数字表示。前面的数字表示钢的平均含碳量，结构钢以平均万分数表示碳的质量分数，工具钢以千分数表示碳的质量分数，若碳的质量分数大于1%时不标出；中间是合金元素的元素符号；后面的数字表示合金元素的含量，以平均百分数表示合金元素的质量分数，当质量分数小于1.5%时只标出元素，不标出含量，当质量分数等于或大于1.5%、2.5%、3.5%、…时，则相应地以2、3、4、…表示。特殊性能钢（不锈钢、耐热钢）牌号前的数字表示平均碳的质量分数的百分之几，合金元素的表示方法与其他合金钢相同。当$w_C \leq 0.03\%$或0.08%时，在牌号前加“00”与“0”。例如，不锈钢30Cr13的平均$w_C = 0.3\%$、$w_{Cr} \approx 13\%$；06Cr19Ni10的平均$w_C \approx 0.06\%$、$w_{Cr} \approx 19\%$、$w_{Ni} \approx 10\%$；另外，当$w_{Si} \leq 1.5\%$、$w_{Mn} \leq 2\%$时，牌号中不予标出。

3. 判断钢的种类

1）根据钢的含碳量作初步判断：

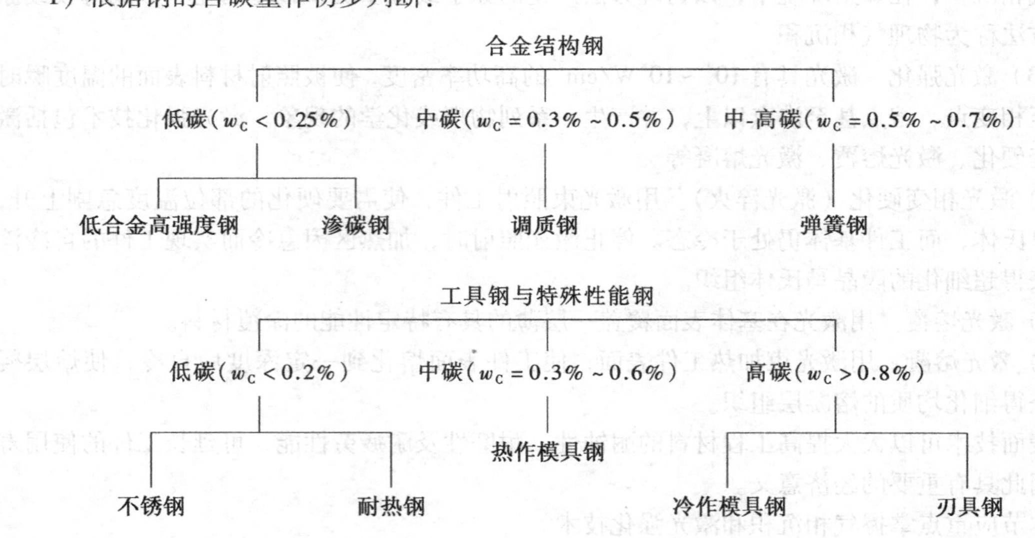

2）根据合金元素种类及含量进一步分析：低合金高强度结构钢、渗碳钢、低合金珠光体型耐热钢等三种钢的含碳量都是以万分数表示碳的质量分数。要区分它们只有从合金化特点来判断。

低合金高强度结构钢常加入Mn（$w_{Mn}<0.2\%$）、V、Ti或N，如Q345、Q420。

合金渗碳钢常加入Cr、Mn、Ni、B、Ti、V、W、Mo，如20CrMnTi、20Mn2TiB、18Cr2Ni4WA。

低合金珠光体型耐热钢常加入Cr、Mo、V，如15CrMo、12CrMoV。

（二）典型合金钢的分析

1. 合金结构钢

（1）低合金高强度结构钢　又称为普通低合金高强度钢。

1）用途及性能要求。用于制造桥梁、船舶、车辆、压力容器及建筑结构件等，要求具有较高的强度及韧性、良好的冷热加工性及焊接性。

2）成分特点。低碳（$w_C<0.2\%$），以保证高韧性、良好的焊接性及冷成形性；加入Mn可强化铁素体、细化珠光体；加入V、Nb、Ti可阻止热轧过程中晶粒长大，从而细化铁素体晶粒。

3）热处理工艺。热轧空冷态使用，必要时可正火后使用，使用状态组织为细P+F。

4）典型牌号。Q345、Q420。

（2）合金渗碳钢

1）用途及性能要求。用于制造汽车及拖拉机齿轮、凸轮、活塞销及轴类零件，要求具有表面硬度高、耐磨性好、接触疲劳抗力高等性能，心部在保证塑性、韧性的前提下应有较高的强度和硬度。

2）成分特点。低碳（$w_C=0.10\%\sim0.25\%$）；加入Cr、Mn、Ni、B以强化基体，提高淬透性，保证心部有一定的淬透深度，使之有足够的强韧性；加入V、Ti、W、Mo形成合金碳化物阻止渗碳时晶粒长大。

3）热处理工艺。渗碳后预冷+直接淬火+低温回火，处理后的组织表面为回火马氏体+合金渗碳体+残留奥氏体，心部淬透处为低碳回火马氏体，未淬透处为托氏体及铁素体（少量）。

4）典型牌号。20Cr、20CrMnTi、18Cr2Ni4WA，其中用量最大的是20CrMnTi，用于制造汽车及拖拉机齿轮、凸轮。

（3）合金调质钢

1）用途及性能要求。用于制作服役条件为弯曲、扭转、拉压、冲击等复杂应力的重要零件，如机床主轴、连杆、曲轴、齿轮、高强度螺栓等，要求具有良好的综合力学性能和高的淬透性。

2）成分特点。中碳（$w_C=0.3\%\sim0.5\%$），以保证热处理后有足够的强度，又有较好的韧性；加入Cr、Ni、Mn、Si、B以提高淬透性，保证淬火时获得马氏体，回火后有良好的综合力学性能；加入W或Mo可防止第二类回火脆性。

3）热处理工艺。调质处理，即淬火后高温回火（500～650℃），组织为回火索氏体。

4）典型牌号。40Cr、40MnB、35CrMo、40CrNiMo，其中40Cr是最常见的合金调质钢，广泛用于轴、齿轮等结构零件及汽车后桥半轴的制造。

(4) 合金弹簧钢

1) 用途及性能要求。用作减振储能的各类弹簧和弹性元件，要求具有高的弹性极限、高的屈强比、较高的抗拉强度和疲劳极限，以及足够的塑性和韧性。

2) 成分特点。中高碳（w_C=0.5%~0.7%），以保证强度；主要加入Mn、Si、Cr等以提高淬透性、强度和屈强比；辅加元素是少量的W、V等。

3) 热处理工艺。淬火+中温回火（450~550℃），其组织为回火托氏体，如果再进行喷丸处理，可进一步提高其疲劳强度。

4) 典型牌号。65Mn、60Si2Mn、50CrVA。

(5) 滚动轴承钢

1) 用途及性能要求。用于制作各类滚动轴承的内外套圈及滚动体，也广泛用于制造工具和耐磨零件。要求硬度高、耐磨性好、接触疲劳抗力高，并具有足够的韧性。

2) 成分特点。高碳（w_C=0.95%~1.15%），以保证热处理后达到最高硬度值，同时获得一定数量的耐磨碳化物。主加元素为Cr，以提高淬透性，同时获得细小、均匀的铬碳化物，从而提高耐磨性和接触疲劳抗力。为了制造大尺寸轴承，可加入Si、Mn进一步提高淬透性。

3) 热处理工艺。球化退火，淬火+低温回火，组织为回火马氏体+细小粒状碳化物。

4) 典型牌号。GCr15、GCr15SiMn。

2. 合金工具钢

(1) 合金刃具钢　用来制造各类刃具的钢种称为刃具钢。

1) 低合金刃具钢，用于制作各种低速刃具、冷压模具、量具。

①性能要求。高硬度、高耐磨性，一定的热硬性及必要的韧性。

②成分特点。高碳，常加入Cr、Mn、Si、V及W等，这些合金元素能提高淬透性，保证高的硬度和耐磨性，同时也提高耐回火性。

③热处理工艺。球化退火、淬火+低温回火，组织为回火马氏体+细小碳化物。

④典型牌号。9SiCr、CrWMn。

2) 高速工具钢，是刃具钢中最重要的钢种。

①用途及性能要求。用于制造在较高切削速度下工作的刃具（工作温度低于600℃）。性能要求是具有高硬度、高耐磨性、高热硬性。

②成分特点。高碳（w_C=0.70%~1.10%），保证高硬度和耐磨性；加入Cr提高淬透性；加入W、Mo保证高的热硬性；加入V提高耐磨性。

③加工工艺。下料→反复镦拔锻造→球化退火→机械加工→预热（一次预热500~600℃、二次预热800~850℃）→淬火（1220~1280℃）→560℃三次回火→磨削开刃。组织为回火马氏体、合金碳化物和少量残留奥氏体。

④典型牌号。W18Cr4V、W6Mo5Cr4V2。

(2) 合金模具钢

1) 冷作模具钢，用于制造冷冲模、冲头、拉拔模、冷挤压模、冷剪切模、滚丝模等。

①性能要求。具有高硬度、高耐磨性、高疲劳强度、热处理变形小。

②成分特点。高碳（w_C>1%），保证硬度和耐磨性；加入Cr、Mo、W、V等元素以提高抗拉强度、疲劳强度、淬透性、耐磨性。

③热处理工艺。淬火后低温回火，组织为回火马氏体、合金碳化物和少量残留奥氏体。

④典型牌号。Cr12、Cr12MoV。

2）热作模具钢，用于制造热锻模、热压模、热挤压模、压铸模等。

①性能要求。具有较高的热磨损抗力、热强性、热疲劳抗力及高的化学稳定性。

②成分特点。中碳（$w_C = 0.3\% \sim 0.6\%$），保证较高的韧性及热疲劳抗力；加入Cr、Ni、Mn提高淬透性；加入W、Mo、V提高热硬性和热强性。

③热处理工艺。淬火后中温或高温回火，组织为回火托氏体或回火索氏体。

④典型牌号。5CrMnMo、5CrNiMo、3Cr2W8V、4Cr5MoSiV。

3. 特殊性能钢

（1）不锈钢

1）用途及性能要求。用于制作化工容器、医疗器械、汽轮机叶片及食品用具等，要求具有高的耐蚀性、高塑性，有的零件还要求有高强度、高硬度等。

2）成分特点。含碳量一般为微碳或低碳，耐蚀性要求越高，含碳量越低；加入Cr以提高耐蚀性，不锈钢中最低铬的质量分数为13%；加入足够的Ni或Cr可获得单相铁素体或单相奥氏体，以提高耐蚀性；加入Ti、Nb等元素与碳形成稳定的碳化物，以减轻晶间腐蚀。

3）热处理工艺。可采用淬火+低温回火或高温回火，其组织为回火马氏体或回火索氏体；单相奥氏体组织的不锈钢采用固溶处理，其组织为奥氏体；含Ti、Nb的不锈钢采用稳定化处理，其组织为奥氏体+碳化物（TiC等）。

4）典型牌号。12Cr13、20Cr13、30Cr13、40Cr13、10Cr17、12Cr18Ni9。

（2）耐热钢　在高温下具有高的热化学稳定性和热强性的特殊钢称为耐热钢。

1）耐热性的意义。钢的耐热性包括高温抗氧化性和高温强度。高温抗氧化性是钢在高温下对氧化作用的抗力，而高温强度是在高温下承受机械负荷的能力。

2）提高高温强度的方法。通常采用固溶强化，即在钢中加入合金元素形成单相固溶体，提高原子结合力，减缓元素扩散，提高钢的再结晶温度，从而提高热强性；析出强化是在加入V、Nb、Ti等形成VC、NbC、TiC等，在晶内弥散析出，阻碍位错的运动，提高塑性变形抗力，从而提高热强性；晶界强化是在钢中加入Mo、Zr、V、B等晶界吸附元素，降低晶界表面能，使晶界碳化物趋于稳定，使晶界强化，从而提高热强性。

3）典型牌号。12Cr13、20Cr13、14Cr11MoV、12Cr18Ni9。

二、铸铁

铸铁是$w_C > 2.11\%$的铁碳合金，工业上常用铸铁的$w_C = 2.5\% \sim 4\%$。铸铁是工业中应用最广泛的一种金属材料，它比其他金属材料便宜，加工工艺简单；铸铁还有良好的减振性、耐磨性、耐蚀性以及优良的铸造工艺性和切削加工性等。

1. 铸铁的分类及特点

（1）分类　按碳在铸铁中的存在形式可分为灰口铸铁、白口铸铁和麻口铸铁；依石墨的形态不同，铸铁又分为灰铸铁、蠕墨铸铁、球墨铸铁和可锻铸铁。

（2）特点

1）组织特点。铸铁的组织=钢的基体+各种形态的石墨。

2）性能特点。与钢相比，铸铁具有良好的铸造性、切削加工性等优点。

铸铁的分类及组织特点见表3-1。

表 3-1　铸铁的分类及组织特点

名称	典型牌号	石墨形态	组织	用途
灰铸铁	HT200 HT350	片状	$F+G_{片}$ $F+P+G_{片}$	床身、机座
可锻铸铁	KTH370-12 KTZ450-06	团絮状	$F+G_{团}$ $P+G_{团}$	弯头、车轮壳 差速器壳
球墨铸铁	QT600-3	球状	$F+G_{球}$ $F+P+G_{球}$ $P+G_{球}$	曲轴、主轴
蠕墨铸铁	RuT300	蠕虫状	$F+G_{蠕虫}$ $F+P+G_{蠕虫}$	气缸盖

2. 铸铁的石墨化过程及其影响因素

Fe_3C 与 G 相比，前者属于亚稳态，后者属于稳态。因此，Fe_3C 在一定条件下发生以下分解

$$Fe_3C \longrightarrow 3Fe + C$$

（1）石墨化过程　按照铁-石墨相图，可将石墨的形成过程分为以下两个阶段：

1）第一阶段石墨化。从铸铁液相中直接析出一次石墨（过共晶成分的铸铁）。在共晶温度析出共晶石墨（$G_{共晶}$），在 1154 ~ 738℃范围内的冷却过程中，从奥氏体中析出二次石墨（$G_{Ⅱ}$）。

$$L_{C'} \xrightarrow{1154℃} A_{E'} + G_{共晶}，\ A \longrightarrow G_{Ⅱ}$$

2）第二阶段石墨化。在共析温度析出共析石墨（$G_{共析}$）。

$$A_{S'} \xrightarrow{738℃} F_{P'} + G_{共析}$$

（2）影响石墨化的因素

1）温度与时间。温度越高、保温时间越长，则石墨化越易进行。

2）合金元素的影响。合金元素对石墨化过程有比较强烈的影响，可分为两大类：①促进石墨化的元素：C、Si、Al、Cu、Ni；②阻碍石墨化的元素：Cr、W、Mo、V、S。

3）冷却速度。冷却速度越大，越不利于石墨化的进行；相反，降低冷却速度则有利于石墨的析出。

3. 铸铁的热处理

铸铁的性能主要取决于石墨的形态，由于热处理不能改变石墨的形态，因此对灰铸铁采用强化型热处理，其效果不大。灰铸铁的热处理仅限于去应力退火、软化退火以及表面淬火等。对于球墨铸铁，由于石墨对基体组织的分割作用小，因此钢的一些热处理方法均可用在球墨铸铁上。

三、有色金属及其合金

1. 铝及铝合金

（1）性能特点　密度小，比强度高，导电导热性好，耐大气腐蚀能力强，易冷成形，易切削，铸造性能好，有些铝合金可热处理强化。

（2）分类和用途

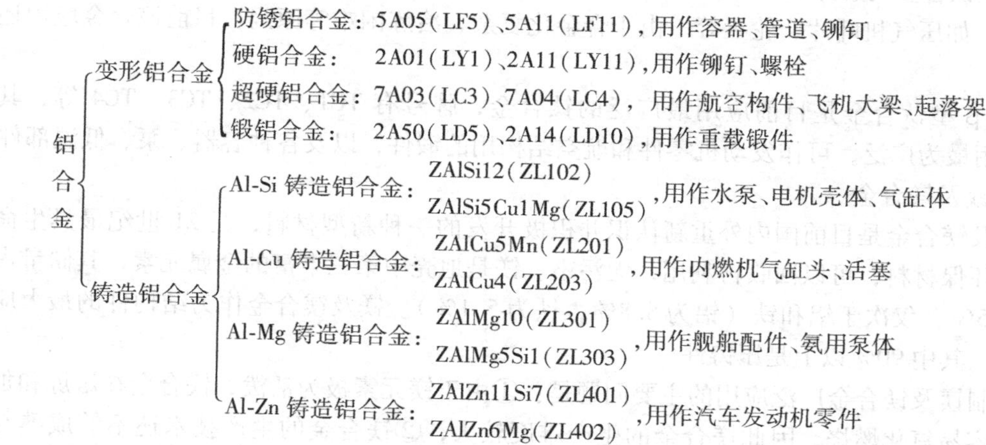

2. 铜及铜合金

铜及铜合金具有优异的理化性能，如：①导电导热性极好、耐蚀能力高、具有抗磁性；②良好的加工性能，如易冷、热成形，铸造铜合金的铸造性好；③特殊的力学性能，如减摩、耐磨（青铜、黄铜），高的弹性极限及疲劳极限（铍青铜）。

（1）黄铜　黄铜分为普通黄铜与特殊黄铜。

1）普通黄铜。是指 Cu-Zn 二元合金，具有良好的力学性能，易加工成形，对大气、海水有较好的耐蚀能力。压力加工黄铜的代号有 H70、H62 等，常用于制作电器零件、螺钉、散热器等。铸造普通黄铜的代号有 ZCuZn38 等，主要用于制作散热器。

2）特殊黄铜。是指在普通黄铜的基础上再加入 Al、Mn、Si、Pb 等元素的黄铜，如铅黄铜、锡黄铜、铝黄铜等。压力加工特殊黄铜的代号有 HPb63-3、HSn90-1、HA160-1-1 等，铸造特殊黄铜的牌号有 ZCuZn31Al2、ZCuZn16Si4、ZCuZn40Mn3Fe1 等。特殊黄铜主要用于制作钟表零件、船舶零件、蜗轮等。

（2）青铜　青铜为铜基合金，习惯上把含 Al、Sn、Be、Mn、Pb 等元素的铜基合金都称为青铜。青铜有压力加工青铜和铸造青铜两类，压力加工青铜常见代号有锡青铜 QSn6.5-0.1、铝青铜 QAl9-4、铍青铜 QBe2 等；铸造青铜常见牌号有 ZCuSn10Pb1、ZCuAl9Mn2、ZCuPb30 等。青铜主要用于制作轴承、弹簧、耐磨耐蚀零件等。

（3）白铜　以镍为主要合金元素的铜合金称为白铜。白铜有较好的强度和优良的塑性，能进行冷、热成形，耐蚀性很好，主要用于制作船舶仪器零件、化工机械零件及医疗器械等。常用牌号有 19 白铜（代号 B19）、15-20 锌白铜（代号 BZn15-20）、3-12 锰白铜（代号 BMn3-12）等。

3. 钛及钛合金

钛及钛合金的性能特点是密度小、比强度高、高温强度好、低温韧性优异、耐蚀性突出。

工业纯钛的牌号有 TA1、TA2、TA3、TA4 等几种，其中 TA2 应用最多，主要用作工作温度 350℃以下、受力不大但要求高塑性的冲压件和耐蚀结构零件，如飞机的骨架、蒙皮，船舶用耐蚀管道，化工用热交换器等。

α 型钛合金的牌号有 TA5、TA6、TA7 等，其中典型牌号是 TA7，可制造导弹燃料罐等。

β 型钛合金的牌号有 TB2、TB3 等，TB2 主要用于制造各种整体热处理的板材冲压件和焊接件，如压气机叶片、轮盘等。由于合金化复杂、冶炼困难等原因，目前该合金应用还不够多。

α + β 型钛合金是目前应用最广泛的钛合金，牌号有 TC1、TC2、TC3、TC4 等，其中 TC4 使用最为广泛，可作发动机零件和航空结构用的锻件，以及各种容器、泵、低温部件。

4. 镁及镁合金

镁及镁合金是目前国内外重新认识并积极开发的一种新型材料，是 21 世纪最具生命力的新型环保材料，可以回收再利用，无污染。镁是地壳中第三丰富的金属元素，其储量占地壳的 2.5%，仅次于铝和铁（铝为 8.8%，铁为 5.1%）。镁及镁合金作为结构件的最大应用是铸件，其中 90% 以上是压铸件。

限制镁及镁合金广泛应用的主要问题是：①由于镁元素极为活泼，镁合金在熔炼和加工过程中容易氧化燃烧，因此镁合金的生产难度较大；②镁合金的生产技术还不够成熟与完善，特别是镁合金的成形技术还有待进一步发展；③镁合金的耐蚀性较差；④现有的工业镁合金的高温强度及蠕变性能较低，限制了镁合金在高温（150～350℃）场合的应用；⑤镁合金的常温力学性能，特别是强度、塑性、韧性有待进一步提高；⑥镁合金的合金系列相对较少，变形镁合金的研究开发严重滞后，不能适应不同场合的需要。

纯镁主要用于制作镁合金、铝合金等；也可用作化工槽罐、地下管道及船体等阴极保护的阳极及化工、冶金的还原剂；还可用于制作照明弹、燃烧弹、镁光灯和烟火等。此外，镁还可制作储能材料 MgH_2，$1m^3 MgH_2$ 可蓄能 $19 \times 10^9 J$。纯镁的牌号以 Mg 加数字的形式表示，数字表示 Mg 的质量分数。

依镁合金的成分和生产工艺特点，将镁合金分为变形镁合金和铸造镁合金两大类。

近年来，国内外研究者为了提高铸造镁合金的使用性能和工艺性能，正致力于研究铸造稀土镁合金、铸造高纯耐蚀镁合金、快速凝固镁合金及铸造镁合金基复合材料，以扩大铸造镁合金在航空航天工业中的应用。

5. 轴承合金

锡基轴承合金以锡为主，加入 Sb、Cu、Pb 等元素。典型牌号是 ZSnSb11Cu6，属于软基体硬质点类型轴承合金，用于制作汽轮机及发动机的高速轴瓦。

铅基轴承合金是在 Pb-Sb 为基的合金中加入 Sn 和 Cu 组成的合金，也具有软基体硬质点类型的组织。典型牌号是 ZPbSb16Sn16Cu2，可制作汽车及拖拉机曲轴的轴承。

铜基轴承合金有铅青铜、锡青铜等。铅青铜 ZCuPb30 属于硬基体软质点类型轴承合金，用来制作航空发动机及高速柴油机轴承。

第四章　高分子材料

高分子材料包括塑料、橡胶、合成纤维、胶粘剂与涂料等，其性能具有十分明显的特性，因此得到广泛应用。

一、工程塑料

（一）塑料的组成与分类

塑料就是在玻璃态下使用的、具有可塑性的高分子材料。它是以树脂为主要成分，加入各种添加剂，可塑制成型的材料。添加剂包括填料、增塑剂、固化剂、稳定剂、润滑剂、着色剂、发泡剂、催化剂、阻燃剂、抗静电剂等。

1. 按树脂特性分类

1）依树脂受热时的行为分为热塑性塑料和热固性塑料。

2）依树脂合成反应的特点分为聚合塑料和缩合塑料。

2. 按塑料的应用范围分类

按塑料的应用范围可分为通用塑料、工程塑料及特种塑料三种类型。

（二）塑料制品的成型与加工

塑料的成型工艺形式多种多样，主要有注射成型、模压成型、浇注成型、挤压成型、吹塑成型、真空成型等。

塑料的加工即是塑料成型后的再加工，亦称为二次加工，主要工艺方法有机械加工、连接和表面处理。

（三）塑料的性能特点

塑料相对密度小；耐蚀性好；电绝缘性能好；减摩、耐磨性好；有消声吸振性；刚性差；强度低；耐热性低；膨胀系数大、热导率小；蠕变温度低；有老化现象；在某些溶剂中会发生溶胀或应力开裂。

（四）常用工程塑料

1. 常用热塑性工程塑料

（1）酰胺（尼龙、锦纶、PA）　聚酰胺是最早发现能够承受载荷的热塑性塑料，在机械工业中应用比较广泛。

（2）聚甲醛（POM）　它是以线型结晶高聚物聚甲醛树脂为基的塑料。

（3）聚砜（PSF）　它是以透明微黄色的线型非晶态高聚物聚砜树脂为基的塑料，主要用于制作要求高强度、耐热、抗蠕变的结构件、仪表零件和电气绝缘零件。聚砜具有良好的可电镀性，可通过电镀金属制成印制电路板和印制电路薄膜。

（4）聚碳酸酯（PC）　它是以透明的线型部分结晶高聚物聚碳酸酯树脂为基的新型热塑性工程塑料，主要用于制造高精度的结构零件。

（5）ABS 塑料　它是以丙烯腈（A）、丁二烯（B）、苯乙烯（S）的三元共聚物 ABS 树脂为基的塑料，主要用于制造齿轮、轴承、仪表盘壳、冰箱衬里以及各种容器、管道、飞机舱内装饰板、窗框、隔声板等。

（6）聚四氟乙烯（PTFE、特氟隆） 它是以线型晶态高聚物聚四氟乙烯为基的塑料，主要用于制作减摩密封件、化工机械中的耐蚀零件及在高频或潮湿条件下的绝缘材料，如化工管道、电气设备、腐蚀介质过滤器等。

（7）甲基丙烯酸甲酯（PMMA、有机玻璃） 它是目前最好的透明材料，主要用途是制作飞机座舱盖、炮塔观察孔盖、仪表灯罩及光学镜片等。

2. 常用热固性工程塑料

（1）酚醛树脂 它是以酚醛树脂为基，加入木粉、布、石棉、纸等填料经固化处理而形成的交联型热固性塑料。

（2）环氧塑料（EP） 它是以环氧树脂为基，加入各种添加剂经固化处理而形成的热固性塑料，主要用于制作模具、精密量具、电气及电子元件等重要零件。

（五）塑料在机械工程中的应用

（1）一般结构件 一般选用价格低廉、成型性好的塑料，如聚氯乙烯、聚乙烯、聚丙烯、聚苯乙烯、ABS 等。

（2）普通传动零件 可选用的材料有尼龙、MC 尼龙、聚甲醛、聚碳酸酯、夹布酚醛、增强增塑聚酯、增强聚丙烯等。

（3）摩擦零件 可选用的塑料有低压聚乙烯、尼龙 1010、MC 尼龙、聚氯醚、聚甲醛、聚四氟乙烯。

（4）耐蚀零件 常用耐蚀塑料有聚丙烯、硬聚氯乙烯、填充聚四氟乙烯、聚全氟乙丙烯、聚三氟氯乙烯等。

（5）电器零件 用于工频低压下的普通电器元件的塑料有酚醛塑料、氨基塑料、环氧塑料等；用于高压电器的绝缘材料的塑料有交联聚乙烯、聚碳酸酯、氟塑料和环氧塑料等；用于高频设备中的绝缘材料有聚四氟乙烯、聚全氟乙丙烯及某些纯碳氢的热固性塑料。

二、橡胶与纤维

（一）橡胶

1. 橡胶的组成

橡胶是以高分子化合物为基础的、具有显著高弹性的材料。它是以生胶为原料加入适量的配合剂而形成的高分子弹性体。

2. 橡胶的性能特点

橡胶最显著的性能特点是具有高弹性，同时具有优良的伸缩性和可贵的积储能量的能力，还具有良好的耐磨性、绝缘性、隔声性和阻尼性及一定的强度和硬度。

3. 橡胶的分类

按原料来源不同可将橡胶分为天然橡胶和合成橡胶两大类；按应用范围又可分为通用橡胶与特种橡胶两种类型。

4. 常用橡胶材料

（1）天然橡胶 天然橡胶是从天然植物中采集出来的一种以聚异戊二烯为主要成分的天然高分子化合物，主要用于制造轮胎、胶带、胶管等。

（2）通用合成橡胶

1）丁苯橡胶。它是由丁二烯和苯乙烯共聚而成的，主要用于制造汽车轮胎、胶带、胶管等。

2）顺丁橡胶。它是由丁二烯聚合而成的。主要用于制造轮胎、胶带、弹簧、减振器、电绝缘制品等。

3）氯丁橡胶。它是由氯丁二烯聚合而成的。氯丁橡胶不仅具有可与天然橡胶相比的高弹性、高绝缘性、较高强度和高耐碱性，而且具有天然橡胶和一般通用橡胶所没有的优良性能。其应用广泛，既可作为通用橡胶，又可作为特种橡胶，可用于制作矿井的运输带、胶管、电缆；也可制作高速V带及各种垫圈等。

4）乙丙橡胶。它是由乙烯与丙烯共聚而成的，主要用于制作轮胎、蒸汽胶管、耐热输送带、高压电线管套等。

（3）特种合成橡胶

1）丁腈橡胶。它是由丁二烯与丙烯腈共聚合而成的，主要用于制作耐油制品，如油箱、储油槽、输油管等。

2）硅橡胶。它是由二甲基硅氧烷与其他有机硅单体共聚而成的，主要用于飞机和宇航中的密封件、薄膜、胶管和耐高温的电线、电缆等。

3）氟橡胶。它是以碳原子为主链，含有氟原子的聚合物。其化学稳定性高、耐蚀性居各类橡胶之首，主要用于制作国防和高技术产品中的密封件。

（二）纤维

能够保持长度比本身直径大100倍的均匀条状或丝状的高分子材料均称为纤维。它可分为天然纤维和化学纤维两种类型。化学纤维又包括人造纤维和合成纤维。产量最多的有六大品种（占90%），即涤纶（又叫的确良）、尼龙、腈纶、维纶、丙纶、氯纶。

三、合成胶粘剂和涂料

（一）合成胶粘剂

1. 胶粘剂的组成

胶粘剂的主要组成除了基料（一种或几种高聚物）外，尚有固化剂、填料、增塑剂、增韧剂、稀释剂、促进剂及着色剂。

2. 常用胶粘剂

常用的胶粘剂有环氧胶粘剂、改性酚醛胶粘剂、聚氨酯胶粘剂、α-氰基丙烯酸酯胶、厌氧胶、无机胶粘剂等。

3. 胶粘剂的选择

为了得到最好的胶接结果，必须根据具体情况选用适当的胶粘剂的成分，考虑被胶接材料的种类、工作温度、胶接的结构形式以及工艺条件、成本等。

（二）涂料

1. 涂料的作用

涂料的作用包括保护作用、装饰作用、特殊作用等。

2. 涂料的组成

涂料由粘结剂、颜料、溶剂组成。其他辅助材料包括催干剂、增塑剂、固化剂、稳定剂等。

3. 常用涂料

常用的涂料有酚醛树脂涂料、氨基树脂涂料、醇酸树脂涂料、聚氨酯涂料、有机硅涂料等。

第五章 陶瓷材料

工程结构陶瓷材料是机械工业中应用的一种非金属材料，由于其具有特殊性能，因而在某些领域得到了广泛应用。

一、概述

陶瓷是一种既古老而又年轻的工程材料，同时也是人类最早利用自然界所提供的原料制造而成的材料，亦称为无机非金属材料。陶瓷材料由于具有耐高温、耐腐蚀、硬度高、绝缘等优点，在宇航、国防等高科技领域得到越来越广泛的应用。

陶瓷材料的发展经历了三次重大飞跃。从陶器发展到瓷器，是陶瓷发展史上的第一次重大飞跃；从传统陶瓷发展到先进陶瓷，是陶瓷发展史上的第二次重大飞跃；从先进陶瓷发展到纳米陶瓷将是陶瓷发展史上的第三次重大飞跃。

（一）陶瓷的分类

按陶瓷的原料来源不同，可将陶瓷分为普通陶瓷（传统陶瓷）和特种陶瓷（近代陶瓷）；按用途不同可分为日用陶瓷和工业陶瓷，工业陶瓷又可分为工程陶瓷和功能陶瓷；按化学组成不同可分为氮化物陶瓷、氧化物陶瓷、碳化物陶瓷等；按性能不同可分为高强度陶瓷、高温陶瓷、耐酸陶瓷等。

（二）陶瓷的制造工艺

陶瓷的生产制作过程虽然各不相同，但一般都要经过坯料制备、成型与烧结三个阶段。

二、常用工程结构陶瓷材料

（一）普通陶瓷

普通陶瓷是以粘土（$Al_2O_3 \cdot 2SiO_2 \cdot H_2O$）、长石（$K_2O \cdot Al_2O_3 \cdot 6SiO_2$；$Na_2O \cdot Al_2O_3 \cdot 6SiO_2$）、石英（$SiO_2$）为原料，经配料、成型、烧结而制成的。这类陶瓷产量大，广泛应用于电气、化工、建筑、纺织等工业部门。

（二）特种陶瓷

1. 氧化物陶瓷

1）氧化铝陶瓷，是以 Al_2O_3 为主要成分，含有少量 SiO_2 的陶瓷。

2）氧化锆陶瓷，熔点在2700℃以上，能耐2300℃的高温，其推荐使用温度为2000~2200℃。氧化锆增韧陶瓷可替代金属制造模具、拉丝模、泵叶轮等，还可制造汽车零件，如凸轮、推杆、连杆等。

3）氧化镁/氧化钙陶瓷，通常是通过热白云石（镁/钙的碳酸盐）矿石除去 CO_2 而制成的，其特点是能抗各种金属碱性渣的作用，因而常用作炉衬的耐火砖。

4）氧化铍陶瓷，其最大的特点是导热性好，因而具有很高的热稳定性，常用于制作坩埚，还可作真空陶瓷和原子反应堆陶瓷等。

5）氧化钍/氧化铀陶瓷，是具有放射性的一类陶瓷，具有极高的熔点和密度，多用于制造熔化铑、铂、银和其他金属的坩埚及动力反应堆中的放热元件等。

2. 氮化物陶瓷

1）氮化硅陶瓷，是以 Si_3N_4 为主要成分的陶瓷，Si_3N_4 为主晶相。按其制造工艺不同分为热压烧结氮化硅（β-Si_3N_4）陶瓷和反应烧结氮化硅（α-Si_3N_4）陶瓷。

2）氮化硼陶瓷，主晶相是BN，属于共价晶体，其晶体结构与石墨相仿，为六方晶格，故有白石墨之称。它可用于制作热电偶套管、熔炼半导体及金属的坩埚、冶金用高温容器和管道、玻璃制品成型模、高温绝缘材料等。

3. 碳化物陶瓷

碳化物陶瓷包括碳化硅、碳化硼、碳化铈、碳化钼、碳化铌、碳化钛、碳化钨、碳化钽、碳化钒、碳化锆、碳化铪等。

1）碳化硅陶瓷，在碳化物陶瓷中应用最广泛。

2）碳化硼陶瓷，硬度极高，抗磨粒磨损能力很强，主要用作磨料，有时用于制作超硬质工具材料。

3）其他碳化物陶瓷，包括碳化铈、碳化钼、碳化铌、碳化钽、碳化钨和碳化锆陶瓷，其熔点和硬度都很高，通常在2000℃以上的中性或还原性气氛中作高温材料。

4. 硼化物陶瓷

硼化物陶瓷包括硼化铬、硼化钼、硼化钛、硼化钨和硼化锆等。其特点是高硬度，同时具有较好的耐化学侵蚀能力。

三、金属陶瓷

金属陶瓷是以金属氧化物（如 Al_2O_3、ZrO_2 等）或金属碳化物（如 TiC、WC、TaC、NbC 等）为主要成分，再加入适量的金属粉末（如 Co、Cr、Ni、Mo 等）通过粉末冶金方法制成的具有某些金属性质的陶瓷。它是制造金属切削刀具、模具和耐磨零件的重要材料。

硬质合金是金属陶瓷的一种，它是以金属碳化物（如 WC、TiC、TaC 等）为基体，再加入适量金属粉末（如 Co、Ni、Mo 等）作粘结剂而制成的具有金属性质的粉末冶金材料。

1. 硬质合金的性能特点

1）高硬度、耐磨性好、高热硬性，这是硬质合金的主要性能特点。

2）压缩强度高，但拉伸强度低，弹性模量很高，但韧性很差。

3）具有良好的耐蚀性和抗氧化性，热膨胀系数比钢的低。

4）弯曲强度低、脆性大、导热性差。

2. 硬质合金的分类、编号和应用

（1）硬质合金的分类及编号

1）钨钴类硬质合金。由碳化钨和钴组成，常用代号有 YG3、YG6、YG8 等，代号中“YG”为“硬、钴”两字的汉语拼音首字母，后面的数字表示钴的质量分数。例如，YG6 表示 $w_{Co}=6\%$、余量为碳化钨的钨钴类硬质合金。

2）钨钴钛类硬质合金。由碳化钨、碳化钛和钴组成，常用代号有 YT5、YT15、YT30 等，代号中“YT”为“硬、钛”两字的汉语拼音首字母，后面的数字表示碳化钛的质量分数。例如，YT15 表示 $w_{TiC}=15\%$、余量为碳化钨及钴的钨钴钛类硬质合金。

3）通用（万能）硬质合金。它是在 YT 成分中添加 TaC 或 NbC 取代一部分 TiC，其代号用“硬、万”两字的汉语拼音首字母“YW”加顺序号表示，如 YW1、YW2。

（2）硬质合金的应用　在机械制造中，硬质合金主要用于制造切削刀具、冷作模具、量具和耐磨零件。

钨钴类合金刀具主要用来切削加工产生断续切屑的脆性材料。钨钴钛类硬质合金主要用来切削加工韧性材料。通用硬质合金既可切削脆性材料，又可切削韧性材料，特别对于不锈钢、耐热钢、高锰钢等难以加工的钢材，其切削加工效果更好。

硬质合金也用于制作冷拔模、冷冲模、冷挤压模及冷镦模，在量具的易磨损工作面上镶嵌硬质合金，可使量具的使用寿命和可靠性都得到提高，许多耐磨零件也都应用硬质合金。硬质合金是一种贵重的刀具材料。

3. 钢结硬质合金

钢结硬质合金是新发展的一种新型硬质合金，它是以一种或几种碳化物（WC、TiC 等）为硬化相，以合金钢（高速钢、铬钼钢）粉末为粘结剂，经配料、压型、烧结而成的。其寿命与钨钴类硬质合金差不多，而大大超过合金工具钢。它可以制造各种复杂的刀具，也可以制造在较高温度下工作的模具和耐磨零件。

第六章　复 合 材 料

复合材料是目前发展前景十分广阔的材料。

一、概述

（一）复合材料的概念

所谓复合材料，是指由两种或两种以上不同性质的材料通过不同的工艺方法人工合成的、各组分间有明显界面且性能优于各组成材料的多相材料。

（二）复合材料的分类

1. 按照基体材料分类

1）非金属基复合材料（它又可分为无机非金属基复合材料及有机非金属基复合材料）。

2）金属基复合材料。

2. 按照增强材料分类

1）纤维增强复合材料。

2）粒子增强复合材料。

3）叠层复合材料。

（三）复合材料的命名

（1）以基体为主来命名　强调基体时以基体为主来命名，如金属复合材料。

（2）以增强材料为主命名　强调增强材料时以增强材料为主来命名，如碳纤维增强复合材料。

（3）基体与增强材料并用　这种命名法常用于某一具体复合材料，一般将增强材料名称放在前面，基体材料的名称放在后面，最后加复合材料而成。例如，C/Al 复合材料即为碳纤维增强铝合金复合材料。

（4）商业名称命名　如玻璃钢即为玻璃纤维增强树脂基复合材料。

二、复合材料的增强机制及性能

（一）复合材料的增强机制

1. 纤维增强复合材料的增强机制

纤维增强复合材料是由高强度、高弹性模量的连续（长）纤维或不连续（短）纤维与基体（树脂、金属或陶瓷等）复合而成的。复合材料受力时，高弹性、高模量的增强纤维承受大部分载荷，而基体主要作为媒介来传递和分散载荷。

2. 粒子增强复合材料的增强机制

粒子增强复合材料按照颗粒尺寸大小和数量多少可分为：①弥散强化复合材料，其粒子直径 d 一般为 0.01 ~ 0.1μm，粒子体积分数 φ_V 为 1% ~ 15%；②颗粒增强复合材料，它的 d 为 1 ~ 50μm，$\varphi_V > 20\%$。

1）弥散强化复合材料的增强机制（见教材）。

2）颗粒增强复合材料的增强机制（见教材）。

（二）复合材料的性能特点

1）比强度和比模量高。

2）良好的抗疲劳性能。

3）破断安全性好。

4）优良的高温性能。

5）减振性好。

三、常用复合材料

1. 纤维增强复合材料

（1） 常用增强纤维

1） 玻璃纤维。

2） 硼纤维。

3） 碳化硅纤维。

4） Kevlar 有机纤维（芳纶、聚芳酰胺纤维）。

（2）纤维-树脂复合材料

1） 玻璃纤维-树脂复合材料，亦称为玻璃纤维增强塑料，也称为玻璃钢。按树脂性质可将其分为玻璃纤维增强热塑料（即热塑性玻璃钢）和玻璃纤维增强热固体塑料（即热固性玻璃钢）。

2） 碳纤维-树脂复合材料。

3） 硼纤维-树脂复合材料。

4） 碳化硅纤维-树脂复合材料。

5） Kevlar 纤维-树脂复合材料。

（3） 纤维-金属（或合金）复合材料

1） 纤维-铝（或铝合金）复合材料，包括硼纤维-铝（或铝合金）基复合材料、石墨纤维-铝（或铝合金）基复合材料、碳化硅纤维-铝（或铝合金）复合材料。

2） 纤维-钛合金复合材料。

3） 纤维-铜（或铜合金）复合材料。

（4） 纤维-陶瓷复合材料

2. 叠层复合材料

叠层复合材料包括双层金属复合材料、塑料-金属多层复合材料。

3. 粒子增强复合材料

粒子增强复合材料包括颗粒增强复合材料、弥散强化复合材料。

第七章　其他工程材料

介绍各种功能材料、纳米材料及未来材料的发展方向，目的在于拓宽学生的知识面，使学生对功能材料、纳米材料、未来材料的发展方向有一个初步了解。

一、功能材料

（一）概述

1. 功能材料的概念

功能材料是指具有特殊的电、磁、光、热、声、力、化学和生物性能及其转化的功能，用以实现以对信息和能量的感受、计测、显示、控制和转化为主要目的的非结构性高新材料。

2. 功能材料的特点

1）多功能化。

2）材料形态的多样性。

3）材料与元件一体化。

4）制造与应用的高技术性、性能与质量的高精密性及高稳定性。

3. 功能材料的分类

功能材料分为机械功能材料、热学材料、电学材料、磁性材料、声学材料、光学材料、化学功能材料、生物化学功能材料、原子能和放射功能材料、功能转换材料等类。

（二）功能材料简介

1. 电功能材料

（1）导电材料　主要包括常用导电金属材料、膜（薄膜或厚膜）导体布线材料、导电高分子材料、超导电材料等。

（2）电阻材料　是利用物质固有的电阻特性来制造不同功能元件的材料，主要用于电阻元件、敏感元件和发热元件。按其特性与用途可分为精密电阻材料、膜电阻材料和电热材料。

（3）电接点材料　是指用来制造建立和消除电接触的所有构件的材料。根据电接点的工作电载荷大小不同，可将其分为强电、中电和弱电三类，但三者之间无严格界限。强电和中电接点主要用于电力系统和电器装置；弱电接点主要用于仪器仪表、电信和电子装置。

2. 磁功能材料

磁功能材料是指利用材料的磁性能和磁效应（电磁互感效应、压磁效应、磁光效应、磁阻及磁热效应等），实现对能量及信息的转换、传递、调制、存储、检测等功能作用的材料。

磁功能材料的种类很多，按成分不同可将其分为金属磁性材料（含金属间化合物）和铁氧体（氧化物磁性材料）；按磁性能不同可将其分为软磁材料与硬磁材料。它广泛应用于机械、电力、电子电信及仪器仪表等领域。

3. 热功能材料

热功能材料是指利用材料的热学性能及其热效应来实现某种功能的一类材料。按热性能可将其分为膨胀材料、测温材料、形状记忆材料、热释电材料、热敏材料、隔热材料等。它广泛用于仪器仪表、医疗器械、导弹等新式武器、空间技术和能源开发等领域。

4. 光功能材料

光功能材料种类繁多，按材质分为光学玻璃、光学晶体、光学塑料等；按用途分为固体激光器材料、信息显示材料、光纤、隐形材料等。

5. 其他功能材料

除了以上介绍的功能材料外，还有许多其他功能材料，如半导体微电子功能材料、光电功能材料、化学功能材料（储氢材料）、传感器用敏感材料、生物功能材料、声功能材料（水声、超声、吸声材料）、隐形功能材料、功能梯度材料、功能复合材料、智能材料等。

二、纳米材料

1. 概述

人们把组成相或结构长度尺寸控制在100nm以下的材料称为纳米材料。纳米超微粒子是介于原子、分子与块体材料之间的尚未被人们充分认识的新领域。纳米材料是纳米科技的重要组成部分。

2. 纳米材料的奇异性能

纳米材料存在着表面效应、小尺寸效应、量子尺寸效应等。这些效应的存在使其表现出与普通材料完全不同的性能，使纳米固体材料有其独特的力学性能，其热学、光学、化学及磁性能也与普通材料不同。

3. 纳米材料的制备与合成

各类物质的纳米结构化大致可以通过“两步过程”和“一步过程”两种制备途径实现。两步过程是将预先制备的孤立纳米颗粒固结成块体材料；一步过程则是将外部能量引入或作用于母体材料，使其产生相或结构转变，直接制备出块体纳米材料。

制备纳米材料的主要方法有惰性气体冷凝法、机械球磨法及非晶材料的晶化处理三种方法。

4. 纳米材料的应用

（1）在力学方面的应用 纳米固体材料在力学方面可以作为高温、高强度、高韧性、耐磨、耐腐蚀的结构材料。

（2）在光学方面的应用 纳米材料可用作发光材料、光纤。

（3）在医学方面的应用 纳米材料可用作生物材料，即用来达到特定的生物或生理功能的材料。生物材料除用于测量、诊断、治疗外，主要是用作生物硬组织的代用材料。作为人体硬组织的代用材料，主要分为生物惰性材料、生物活性材料两种类型。

（4）在磁学方面的应用 纳米材料可用作软磁材料（既容易磁化又容易去磁）、硬磁材料（磁化和去磁都十分困难）、纳米铁氧体磁性材料、旋磁材料、矩磁材料和压磁材料。

（5）在电学方面的应用 纳米材料在电学方面主要可以作为导电材料、超导材料、电介质材料、电容器材料、压电材料等。

5. 商业化前景、研究的投入与展望

三、未来材料的发展方向

新材料是知识密集、技术密集、资金密集的一类新兴产业，是多学科相互交叉和渗透的科技成果，新材料的发展与其他新技术的发展是密切相关的。

目前材料研制及设计出现以下一些新的特点：

1）在材料的微观结构设计方面，将从显微构造层次（≈1μm）向分子、原子层次（1～10nm）及电子层次（0.1～1nm）发展（研制微米、纳米材料）。

2）将有机、无机和金属三大类材料在原子、分子水平上混合而构成所谓“杂化”（Hybrid）材料的构思设想，探索合成材料的新途径。

3）在新材料研制中，在数据库和知识库存的基础上，利用微机进行新材料的性能预报，并模拟揭示新材料微观结构与性能的关系。

4）深入研究各种条件下材料的生产过程，运用新思维、采用新技术来开发新材料，进行半导体超晶格材料的设计，所谓“能带工程”或“原子工程”就是一例。

5）选定重点目标，组织多学科力量联合设计某种新材料。

可以预见，21世纪的材料科学必将在当代科学技术迅猛发展的基础上朝着精细化（精：材料制备方法及加工工艺精；细：粒子尺寸由微米到纳米）、高功能化、超高性能化、复杂化（复合化和杂化）、智能化、可再生及生态环境化的方向发展，从而为人类社会的物质文明建设做出更大的贡献。

第八章　机械零件的失效与强化

学习本章的目的是建立失效和失效分析的基本概念，熟悉零件失效的各种形式，了解失效分析的一般方法，并能根据零件的失效原因及其材料的种类和成分制订出其强化或强韧化方法。

一、零件的失效

机械零件的失效是指该零件在使用过程中丧失原设计功能的现象。零件的失效形式可大致分为三种，每一种又可分为具体的几种形式。

1. 过量变形失效

1）过量弹性变形失效。

2）过量塑性变形失效。

3）蠕变变形失效。

2. 断裂失效

1）韧性断裂失效。

2）低温脆性断裂失效。

3）疲劳断裂失效。

4）蠕变断裂失效。

5）环境破断失效。

3. 表面损伤失效

1）磨损失效。

2）腐蚀失效。

3）接触疲劳失效。

二、失效分析的一般方法

失效分析的一般程序是：调查研究——残骸收集和整理——试验分析研究——综合分析，作出结论，写出报告。

（1）调查研究　包括调查失效现场和背景材料。

（2）残骸收集和整理　目的是利用能得到的信息确定首先破坏件及其失效源。

（3）试验分析研究　是失效分析过程中至关重要的一个环节，其工作量也最大，主要内容就是对首先破坏件及破坏位置进行一些物理、化学及力学性能等的分析测试，取得必要的数据和证据。

（4）综合分析，作出结论，写出报告　就是对此前所获得的数据进行整理、综合分析和处理，确定具体的失效形式和原因，写出报告。

三、工程材料的强化与强韧化

强化是使材料具有高的强度，强韧化是使材料在具有高强度的同时具有足够的塑性和韧性。工程材料的强化和强韧化方法有以下几种：

1. 强化方法

1）固溶强化。

2）形变强化。

3）第二相强化。

4）细晶强化。

5）相变强化。

6）复合强化。

2. 强韧化方法

1）细化晶粒。

2）调整化学成分。

3）形变热处理。

4）复相热处理。

5）亚温淬火。

6）高温淬火。

第九章　典型零件的选材及工程材料的应用

熟悉零件合理选材的基本原则；掌握齿轮、轴及弹簧这三类典型零件的选材分析（包括工作条件、常见失效形式及性能要求等），初步做到能正确、合理地选用材料，安排其加工工艺路线；了解汽车、机床、仪器仪表、热能设备、化工设备及航空航天器等大型设备上主要零部件的用材情况。

一、选材的一般原则

选材应考虑的一般原则有三个，即使用性能原则、工艺性能原则和经济性原则。

（1）使用性能原则　指为了保证零件完成规定功能。在大多数情况下，它是选材首先要考虑的问题。使用性能主要是指零件在使用状态下应具有的力学性能、物理性能和化学性能，其中最重要的是力学性能。通过对零件工作条件和失效形式的全面分析，确定零件对使用性能的具体要求。在确定了零件的具体力学性能指标和数值后，即可利用手册选材。

（2）工艺性能原则　指为了保证零件实际加工的可行性。具体的工艺性能由加工工艺路线提出。高分子、陶瓷材料的加工工艺路线均较简单，工艺性能较好；金属材料的加工工艺路线比较复杂且变化多，但其冷、热加工的工艺性能一般都很好。金属材料（主要是钢铁材料）的加工工艺路线按零件性能要求不同大体分为三类。在特殊情况下，工艺性能也可能成为选材的主要依据。

（3）经济性原则　指保证零件的生产和使用的总成本最低，一般包括材料的价格、零件的总成本与国家的资源等。零件的总成本与其使用寿命、质量、加工费用、研究费用、维修费用和材料价格有关。要尽量积累和利用各种资料，准确分析，使选用的材料最经济，节省资源和能源，产生最大的经济效益。

二、典型工件的选材及工艺路线设计

1. 齿轮零件的选材

根据齿轮的工作条件及失效形式，对齿轮用材提出的性能要求是有较高的弯曲疲劳强度和接触疲劳强度，同时心部要有足够的强度和韧性。齿轮可根据具体的工作条件按照有关资料进行选材，要求不高的齿轮一般可选用45钢，最终热处理为正火或调质；要求较高的齿轮一般选用中碳合金结构钢，最终热处理为调质或调质加表面淬火；要求很高的齿轮可采用合金渗碳钢，最终热处理为渗碳淬火加低温回火。

机床齿轮一般选用中碳钢（如45钢），其工艺路线为：下料→锻造→正火→粗加工→调质→精加工→高频淬火、低温回火→精磨。

汽车齿轮要求很高，可选用20CrMnTi钢制造，其工艺路线为：下料→锻造→正火→切削加工→渗碳、淬火及低温回火→喷丸→磨削加工。

2. 轴类零件的选材

根据轴类零件的工作条件和失效形式，对其用材的要求是具有良好的综合力学性能和高的疲劳强度，轴颈处要求耐磨。轴类零件的选材要根据具体的工作条件和精度要求进行。机床主轴常用材料有45钢、中碳合金钢、合金渗碳钢（如20CrMnTi）及合金渗氮钢（如

38CrMoAl）；

一般的机床主轴可采用45钢制造。为了保证其局部的耐磨性，可进行表面淬火，其工艺路线为：锻造→正火→粗加工→调质→精加工→表面淬火→低温回火→磨削加工。如轴的载荷较大，可采用中碳合金钢制造（如40Cr）；对于承受大的冲击和交变载荷的轴，可用合金渗碳钢制造，如20Cr或20CrMnTi。

内燃机曲轴可用优质中碳钢和中碳合金钢（如35、40、35Mn2、40Cr、35CrMo钢等）锻造，也可用铸钢、铸铁等铸造（ZG230-450、QT600-3、QT700-2、KTZ450-05、KTZ550-04等）。要求不高的曲轴可用QT700-2制造，其工艺路线为：铸造→高温正火→高温回火→切削加工→粗磨→轴颈气体渗氮→研磨。

3. 弹簧类零件的选材

根据弹簧类零件的工作条件和失效形式，对弹簧用材的性能要求主要为有高的弹性极限和屈强比，以及高的疲劳强度，其用材应根据具体工作条件和要求而定。

小型汽车板簧一般选用65Mn、60Si2Mn制造；中型或重型汽车板簧用50CrMn、55SiMnVB制造；重型载重汽车大截面板簧可选用55SiMnMoV、55SiMnMoVNb制造。其工艺路线为：热轧钢板冲裁下料→压力成形→淬火、中温回火→喷丸强化。

火车螺旋弹簧可用50CrMn、55SiMn等钢制造，其工艺路线为：热轧钢棒下料→两头制扁→热卷成形→淬火、中温回火→喷丸强化→端面磨平。

4. 实际机器零件的用材（见教材）

第二部分　习题及参考答案

第一篇　习　　题

习题一　材料的结构与性能

一、材料的性能

（一）名词解释

弹性变形、塑性变形、冲击韧性、疲劳强度、抗拉强度、屈服强度、*A*、HBW、HRC

（二）填空题

1. 根据外力的作用方式不同，有多种强度指标，如______、______、______等。

2. 材料常用的塑性指标有______和______两种，其中______表示塑性更接近材料的真实变形。

3. 常进行的冲击试验有______和______两种，所用的试样有______和______两种。

4. 检测淬火钢成品件的硬度一般用______硬度，检测退火件、正火件和调质件的硬度常用______硬度，检测渗氮件和渗金属件的硬度采用______硬度。

5. 材料的工艺性能是指______、______、______、______、______、______。

（三）选择题

1. 在设计拖拉机缸盖螺钉时应选用的强度指标是______。

a. 抗拉强度　b. 屈服强度　c. 规定非比例延伸强度

2. 在作疲劳试验时，试样承受的载荷为______。

a. 静载荷　b. 冲击载荷　c. 交变载荷

3. 洛氏硬度C标尺使用的压头是______。

a. 淬硬钢球　b. 金刚石圆锥体　c. 硬质合金球

4. 表示金属密度、热导率、磁导率的符号依次为______、______、______。

a. μ　b. HBW　c. A　d. ρ　e. HV　f. λ

（四）判断题

1. 金属材料的弹性模量是一个对组织不敏感的力学性能指标。

2. 碳的质量分数越高，焊接性能越差。

3. 所有金属都具有磁性，能被磁铁吸引。

4. 钢的铸造性能比铸铁好，故常用来铸造形状复杂的工件。

（五）综合题

1. 某种钢的抗拉强度 $R_m = 538\text{MPa}$，某一钢棒直径为 10mm，在拉伸断裂时直径变为 8mm，问此棒能承受的最大载荷为多少？断面收缩率是多少？

2. 一根直径为 2.5mm、长为 3m 的钢丝，受载荷 4900N 后有多大的变形？（在弹性变形范围内，弹性模量为 20500MPa）

3. 已知长 1m、直径 1mm 的金属丝，在 20℃时的电阻为 0.13Ω，30°C 时为 0.18Ω，在这两个温度下它的电阻率各是多少？

二、材料的结合方式及工程材料的键性

（一）名词解释

结合键、晶体、非晶体、近程有序

（二）填空题

1. 固体材料中的结合键可分为______种，它们是______________。

2. 高分子材料的结合键是______和______，即分子内靠______结合，分子间靠______结合。

3. 共价键比分子键具有更______的结合力。

4. 金属晶体比离子晶体具有较______的导电能力。

（三）选择题

1. 决定晶体结构和性能最本质的因素是______。

a. 原子间的结合能　b. 原子间的距离　c. 原子的大小

2. 金属键的特征是______。

a. 具有饱和性　b. 没有饱和性　c. 具有各向异性

3. 共价晶体具有______。

a. 高强度　b. 低熔点　c. 不稳定结构

（四）判断题

1. 金属材料的结合键都是金属键。

2. 因为晶体与非晶体在结构上不存在共同点，所以晶体与非晶体是不可相互转化的。

3. 物质的状态反映了原子或分子间的相互作用和它们的热运动。

4. 晶体是较复杂的聚合体。

（五）综合题

1. 晶体与非晶体各有什么特点？

2. 试比较分析离子键、共价键、金属键及分子键特性。

三、金属的结构与性能

（一）名词解释

空间点阵、晶格、晶胞、原子半径、配位数、致密度、空位、间隙原子、位错、刃型位错、螺型位错、晶界、亚晶界、组元、相、组织、固溶体、化合物、正常价化合物、电子化合物、间隙相、间隙化合物、固溶强化

（二）填空题

1. 晶体物质的晶格类型及晶格常数由______和______决定。

2. 金属晶体中最主要的面缺陷是______和______。

3. 在立方晶系中，〈111〉晶向族包括______________________共八个晶向。

4. α-Fe的一个晶胞内的原子数为______。

（三）选择题

1. 在面心立方晶格中，原子密度最大的晶面是______。

a. （100）　b. （110）　c. （111）　d. （121）

2. 在立方晶系中指数相同的晶面和晶向______。

a. 互相平行　b. 互相垂直　c. 无必然联系　d. 晶向在晶面上

3. 晶体中的位错属于______。

a. 体缺陷　b. 面缺陷　c. 线缺陷　d. 点缺陷

4. 两组元组成固溶体，则固溶体的结构______。

a. 与溶剂相同　b. 与溶剂、溶质都不相同

c. 与溶质相同　d. 是两组元各自结构的混合

5. 间隙固溶体与间隙化合物的______。

a. 结构相同，性能不同　　b. 结构不同，性能相同

c. 结构相同，性能也相同　d. 结构和性能都不相同

（四）判断题

1. 一个晶面指数（或晶向指数）是指晶体中的某一个晶面（或晶向）。

2. 金属多晶体是由许多结晶方向相同的多晶体组成的。

3. 配位数大的晶体，其致密度也高。

4. 在立方晶系中，原子密度最大的晶面之间的间距也最大。

5. 形成间隙固溶体的两个元素可形成无限固溶体。

6. 间隙相不是一种固溶体，而是一种金属间化合物。

（五）综合题

1. 举例说明晶向指数、晶面指数的确定方法。

2. 实际晶体中存在哪些晶体缺陷？它们对性能有什么影响？

3. 已知 α-Fe 的晶格常数 $a = 2.87 \times 10^{-10}$m，试求出其原子半径和致密度。

4. 作图表示立方晶系中的（110）、（112）、（120）、（234）晶面和［111］、［132］、［210］、［$12\bar{1}$］晶向。

四、高分子材料的结构与性能

（一）名词解释

高分子材料（高聚物）、单体、聚合度、链节、分子链、加聚反应、缩聚反应、均缩聚反应、共缩聚反应、构型、构象、柔顺性、玻璃态、高弹态、粘流态、老化

（二）填空题

1. 在高分子材料中，大分子的原子间结合键（主价力）为______，分子与分子之间的结合键（次价力）为______；由于分子链非常长，次价力常常______主价力，以致受力断裂时往往是______先断开。

2. 线型无定形高聚物的三种力学状态是______、______、______，它们的基本运动单元相应是______、______、______，它们相应是______、______、______的使用状态。

3. 相对分子质量较大的非完全晶态高聚物的力学状态是______、______、______、______，它们相应是______、______、______、______的使用状态。

4. 工程高聚物按断裂特性可分为五大类型：______，如______；______，如______；______，如______；______，如______；______，如______。

5. 高分子材料的老化是指在结构上发生了______、______。

（三）选择题

1. 膨胀系数最低的高分子化合物的形态是______。

a. 线型 b. 支化型 c. 体型

2. 较易获得晶态结构的是______。

a. 线型分子 b. 支化型分子 c. 体型分子

3. 高聚物受力被拉伸时温度______。

a. 升高 b. 降低 c. 不变 d. 不定

4. 高分子材料受力时，由键长的伸长所实现的弹性为______；由链段的运动所实现的弹性为______。

a. 普弹性 b. 高弹性 c. 粘弹性 d. 受迫弹性

5. 高聚物的弹性与______有关，塑性与______有关。

a. T_m b. T_g c. T_f d. T_d

6. 高聚物的______比金属材料的好。

a. 刚度 b. 强度 c. 冲击韧度 d. 比强度

7. 高分子材料中存在结晶区，其熔点是______。

a. 固定的 b. 一个温度软化区间 c. 在玻璃化转变温度以上 d. 在粘流温度以上

（四）判断题

1. 聚合物由单体合成，聚合物的成分就是单体的成分；分子链由链节构成，分子链的结构和成分就是链节的结构和成分。

2. 相对分子质量大的线型高聚物有玻璃态（或晶态）、高弹态和粘流态。交联密度大的体型高聚物没有高弹性和粘流态。

3. 共聚化有利于降低聚合物的结晶度。

4. 拉伸变形能提高高聚物的结晶度。

5. 高聚物的力学性能主要取决于其聚合度、结晶度和分子间力等。

（五）综合题

1. 何谓聚合度？聚乙烯和聚苯乙烯分子的聚合度分别为10000和100000时，它们的相对分子质量各为多少？

2. 何谓柔顺性？影响柔顺性的因素是什么？

3. 何谓玻璃化温度？它与聚合物的什么性能有关？用于玻璃化温度状态的材料有哪些？

4. 简评作为工程材料的高分子材料的优缺点。

五、陶瓷材料的结构与性能

（一）名词解释

陶瓷、软化温度、玻璃相、气相、热稳定性

（二）填空题

1. 按照组织形态不同，可将陶瓷材料分为______、______、______三种类型。

2. 陶瓷中玻璃相的作用是______、______、______、______。

3. 陶瓷的原料通常由______、______、______三部分组成。

4. 陶瓷的力学性能常用______、______、______、______、______来表征。

（三）选择题

1. 氧化物的结合键主要是______，碳化物的结合键主要是______，氮化物的结合键主要是______。

a. 金属键　b. 共价键　c. 分子键　d. 离子键

2. 瓷砖的气孔率为______，保温材料的气孔率为______，特种陶瓷的气孔率为______。

a. $<5\%$　b. $5\% \sim 10\%$　c. $>10\%$

（四）判断题

1. 具有强大化学键的陶瓷都有很高的弹性模量。

2. 在各类材料中，陶瓷的硬度最高。

3. 陶瓷材料由于缺乏电子导电机制，所以是良好的绝缘体。

4. 陶瓷材料的拉伸强度较低，而压缩强度较高。

（五）综合题

1. 陶瓷中玻璃相的作用是什么？

2. 简评作为工程材料的陶瓷材料的优缺点。

习题二　金属材料组织与性能的控制

一、解释名词

过冷度、非自发形核、晶粒度、变质处理、滑移、孪晶、加工硬化、再结晶、滑移系、铁素体、珠光体、本质晶粒度、马氏体、淬透性、淬硬性、调质处理、二次硬化、回火脆性、耐回火性、固溶处理、热硬性、电刷镀、热喷涂、CVD、PVD、PCVD、激光相变硬化、离子注入

二、填空题

1. 结晶过程是依靠两个密切联系的基本过程来实现的，这两个过程是______和______。
2. 当对金属液体进行变质处理时，变质剂的作用是______。
3. 液态金属结晶时，结晶过程的推动力是______，阻力是______。
4. 过冷度是指______，其表示符号为______。
5. 典型铸锭结构的三个结晶区分别为______、______和______。
6. 钢在常温下的变形加工称为______加工，而铅在常温下的变形加工称为______加工。
7. 造成加工硬化的根本原因是______。
8. 滑移的本质是______。
9. 变形金属的最低再结晶温度与熔点的关系是______。
10. 再结晶后晶粒度的大小主要取决于______、______和______。
11. 固溶体的强度和硬度比溶剂的强度和硬度______。
12. 固溶体出现枝晶偏析后可用______加以消除。
13. 共晶反应式为______，共晶反应的特点是______。
14. 珠光体的本质是______。
15. 一块纯铁在912℃发生 α→γ 转变时，体积将______。
16. 在铁碳合金的室温平衡组织中，含 Fe_3C_{II} 最多的合金成分点为______，含 L′d 最多的合金成分点为______。
17. 用显微镜观察某亚共析钢，若估算其中的珠光体含量为80%，则此钢碳的质量分数为______。
18. 在过冷奥氏体等温转变产物中，珠光体与托氏体的主要相同点是______，不同点是______。
19. 用光学显微镜观察，上贝氏体的组织特征呈______状，而下贝氏体则呈______状。
20. 马氏体的显微组织形态主要有______、______两种，其中______的韧性较好。
21. 钢的淬透性越高，则其等温转变曲线的位置越向______，说明临界冷却速度越______。
22. 球化退火的主要目的是______，它主要适应用于______钢。
23. 亚共析钢的正常淬火温度范围是______，过共析钢的正常淬火温度范围是______。
24. 淬火钢进行回火的目的是______，回火温度越高，钢的强度与硬度越______。
25. 按钢中合金元素的含量不同，可将合金钢分为______、______和______几种类型，

合金元素的质量分数范围分别为______、______和______。

26. 在合金元素中，碳化物形成元素有______。

27. 使奥氏体稳定化的元素有______。

28. 促进晶粒长大的合金元素有______。

29. 除______、______外，几乎所有合金元素都使 *Ms* 及 *Mf* 点下降，因此淬火后相同含碳量的合金钢比碳钢的残留奥氏体量______，使钢的硬度______。

30. 一些含有合金元素______的合金钢，容易产生第二类回火脆性；为了消除第二类回火脆性，可采用______和______。

31. 在电刷镀时，工件接直流电源______极，镀笔接直流电源______极，可以在工件表面获得镀层。

32. 利用气体导电（或放电）所产生的______作为热源进行喷涂的技术称为等离子喷涂。

三、判断题

1. 凡是由液体凝固成固体的过程都是结晶过程。

2. 室温下，金属晶粒越细，则强度越高、塑性越低。

3. 在实际金属和合金中，自发形核常常起着优先和主导的作用。

4. 当形成树枝状晶体时，枝晶的各次晶轴将具有不同的位向，故结晶后形成的枝晶是一个多晶体。

5. 晶粒度级数数值越大，晶粒越细。

6. 滑移变形不会引起金属晶体结构的变化。

7. 因为 bcc 晶格与 fcc 晶格具有相同数量的滑移系，所以这两种晶体的塑性变形能力完全相同。

8. 孪生变形所需要的切应力要比滑移变形时所需的小得多。

9. 金属铸件可以通过再结晶退火来细化晶粒。

10. 再结晶过程是有晶格类型变化的结晶过程。

11. 间隙固溶体一定是无限固溶体。

12. 由平衡结晶获得的 $w_{Ni}=20\%$ 的 Cu-Ni 合金，比 $w_{Ni}=40\%$ 的 Cu-Ni 合金的硬度和强度要高。

13. 一个合金的室温组织为 $\alpha+\beta_{II}+(\alpha+\beta)$，它由三相组成。

14. 铁素体的本质是碳在 α-Fe 中的间隙相。

15. 20 钢比 T12 钢碳的质量分数要高。

16. 在退火状态（接近平衡组织）下，45 钢比 20 钢的塑性和强度都高。

17. 在铁碳合金平衡结晶过程中，只有碳的质量分数为 4.3% 的铁碳合金才能发生共晶反应。

18. 马氏体是碳在 α-Fe 中的过饱和固溶体。当奥氏体向马氏体转变时，体积要收缩。

19. 当把亚共析钢加热到 $Ac_1 \sim Ac_3$ 之间的温度时，将获得由铁素体和奥氏体构成的两相组织，在平衡条件下，其中奥氏体的含碳量总是大于钢的含碳量。

20. 当原始组织为片状珠光体的钢加热到奥氏体化时，细片状珠光体的奥氏体化速度要比粗片状珠光体的奥氏体化速度快。

21. 当共析成分的奥氏体在冷却发生珠光体转变时，温度越低，其转变产物组织越粗。
22. 高合金钢既具有良好的淬透性，也具有良好的淬硬性。
23. 结构钢经淬火后再高温回火，能得到回火索氏体组织，具有良好的综合力学性能。
24. 钢的淬透性越高，则其有效淬硬层的深度也越大。
25. 表面淬火既能改变钢的表面组织，也能改善心部的组织和性能。
26. 所有合金元素都能提高钢的淬透性。
27. 合金元素 Mn、Ni、N 可以扩大奥氏体区。
28. 合金元素对钢的强化效果主要是固溶强化。
29. 60Si2Mn 比 T12 和 40 钢有更好的淬透性和淬硬性。
30. 所有合金元素均使 Ms、Mf 下降。
31. 电弧喷涂技术可以在金属表面喷涂塑料。
32. 气相沉积技术是指从气相物质中析出固相并沉积在基材表面的一种表面镀膜技术。

四、选择题

1. 金属结晶时，冷却速度越快，其实际结晶温度将______。
a. 越高　b. 越低　c. 越接近理论结晶温度
2. 为了细化晶粒，可采用______。
a. 快速浇注　b. 加变质剂　c. 以砂型代金属型
3. 能使单晶体产生塑性变形的应力为______。
a. 正应力　b. 切应力　c. 复合应力
4. 面心立方晶格的晶体在受力变形时的滑移方向是______。
a. 〈100〉　b. 〈111〉　c. 〈110〉
5. 变形金属再结晶后______。
a. 形成等轴晶，强度增大　b. 形成柱状晶，塑性下降　c. 形成柱状晶，强度升高　d. 形成等轴晶，塑性升高
6. 固溶体的晶体结构与______相同。
a. 溶剂　b. 溶质　c. 其他晶型
7. 间隙相的性能特点是______。
a. 熔点高、硬度低　b. 硬度高、熔点低　c. 硬度高、熔点高
8. 在发生 $L \rightarrow (\alpha + \beta)$ 共晶反应时，三相的成分______。
a. 相同　b. 确定　c. 不定
9. 共析成分的合金在共析反应 $\gamma \rightarrow (\alpha + \beta)$ 刚结束时，其组成相为______。
a. $\gamma + \alpha + \beta$　b. $\alpha + \beta$　c. $(\alpha + \beta)$
10. 奥氏体是______。
a. 碳在 γ-Fe 中的间隙固溶体　b. 碳在 α-Fe 中的间隙固溶体　c. 碳在 α-Fe 中的有限固溶体
11. 珠光体是一种______。
a. 单相固溶体　b. 两相混和物　c. Fe 与 C 的化合物
12. T10 钢碳的质量分数为______。
a. 0.1%　b. 1.0%　c. 10%

13. 铁素体的力学性能特点是______。

a. 强度高、塑性好、硬度低　b. 强度低、塑性差、硬度低　c. 强度低、塑性好、硬度低

14. 奥氏体向珠光体的转变是______。

a. 扩散型转变　b. 非扩散型转变　c. 半扩散型转变

15. 钢经调质处理后获得的组织是______。

a. 回火马氏体　b. 回火托氏体　c. 回火索氏体

16. 共析钢的过冷奥氏体在550～350°C的温度区间等温转变时，所形成的组织是____。

a. 索氏体　b. 下贝氏体　c. 上贝氏体　d. 珠光体

17. 若合金元素能使等温转变曲线右移，则钢的淬透性将______。

a. 降低　b. 提高　c. 不改变

18. 马氏体的硬度取决于______。

a. 冷却速度　b. 转变温度　c. 含碳量

19. 淬硬性好的钢______。

a. 具有高的合金元素含量　b. 具有高的含碳量　c. 具有低的含碳量

20. 对形状复杂、截面变化大的零件进行淬火时，应选用______。

a. 高淬透性钢　b. 中淬透性钢　c. 低淬透性钢

21. 直径为10mm的40钢的常规淬火温度及淬火组织为______。

a. 750°C　b. 850°C　c. 920°C

a′. 马氏体　b′. 铁素体+马氏体　c′. 马氏体+珠光体

22. 完全退火主要适用于______。

a. 亚共析钢　b. 共析钢　c. 过共析钢

23. 钢的回火处理是在______。

a. 退火后进行　b. 正火后进行　c. 淬火后进行

24. 钢的渗碳温度范围是______。

a. 600～650°C　b. 800～820°C　c. 900～950°C　d. 1000～1050°C

25. 钢的淬透性主要取决于______。

a. 含碳量　b. 冷却介质　c. 合金元素

26. 钢的淬硬性主要取决于______。

a. 含碳量　b. 冷却介质　c. 合金元素

五、综合题

1. 金属结晶的条件和动力是什么？

2. 金属结晶的基本规律是什么？

3. 在实际应用中，细晶粒金属材料往往具有较好的常温力学性能。从凝固原理来看，细化晶粒、提高金属材料使用性能的措施有哪些？

4. 如果其他条件相同，试比较在下列铸造条件下铸件晶粒的大小：

1）金属型浇注与砂型浇注。

2）变质处理与不变质处理。

3）铸成薄件与铸成厚件。

4）浇注时采用振动与不采用振动。

5. 为什么希望钢锭尽量减少柱状晶区？

6. 为什么细晶粒钢的强度高，塑性、韧性也好？

7. 与单晶体的塑性变形相比较，说明多晶体塑性变形的特点。

8. 金属塑性变形后组织和性能会有什么变化？

9. 用低碳钢钢板冷冲压成形的零件，冲压后发现各部位的硬度不同，为什么？

10. 已知金属钨、铅的熔点分别为3380°C、327°C，试计算它们的最低再结晶温度，并分析钨在1100°C加工、铅在室温加工各为何种加工？

11. 何谓临界变形度？分析产生临界变形度的原因。

12. 在制造齿轮时，有时采用喷丸法（将金属丸喷射到零件表面上）使齿面得以强化。试分析强化原因。

13. 什么是固溶强化？造成固溶强化的原因是什么？

14. 间隙固溶体和间隙相有什么不同？

15. 求碳的质量分数为3.5%、质量为10kg的铁碳合金，从液态缓慢冷却到共晶温度（但尚未发生共晶反应）时所剩下液体的碳的质量分数及液体的质量。

16. 比较退火状态下的45钢、T8钢、T12钢的硬度、强度和塑性的高低，简述原因。

17. 同样形状的两块铁碳合金，其中一块是退火状态的15钢，一块是白口铸铁，用什么简便方法可以迅速区分它们？

18. 为什么碳钢进行热锻、热轧时都要加热到奥氏体区？

19. 说出Q235A、15、45、65、T8、T12等钢的钢种、碳的质量分数，各举出一个应用实例。

20. 下列零件或工具用何种碳钢制造：手锯锯条、普通螺钉、车床主轴。

21. 再结晶和重结晶有何不同？

22. 热轧空冷的45钢在重新加热到超过临界点后再空冷下来时，组织为什么能细化？

23. 用示意图表示珠光体、索氏体、托氏体、上贝氏体、下贝氏体和马氏体在显微镜下的形态特征。

24. 试述马氏体转变的基本特点。

25. 试比较索氏体与回火索氏体、马氏体与回火马氏体之间，在形成条件、金相形态与性能上的主要区别。

26. 马氏体的本质是什么？它的硬度为什么很高？是什么因素决定了它的脆性？

27. 直径为10mm的T12钢加热到A_1以上30℃，以图示形式表示用不同方法冷却时所得到的组织。

28. 确定下列钢件的退火方法，并指出退火后的组织：

1）经冷轧后的15钢钢板，要求降低硬度。

2）ZG270-500的铸造齿轮。

3）锻造过热的60钢锻坯。

4）改善T12钢的切削加工性能。

29. 说明直径为10mm的45钢试样分别经700℃、760℃、840℃、1100℃加热并保温后在水中冷却得到的室温组织。

30. 两个碳的质量分数均为1.2%的碳钢薄试样，分别加热到780℃和900℃，保温相同时间并奥氏体化后，以大于淬火临界冷却速度的速度冷却至室温。试分析：

1）哪个温度加热淬火后马氏体晶粒较粗大？

2）哪个温度加热淬火后马氏体含碳量较多？

3）哪个温度加热淬火后残留奥氏体较多？

4）哪个温度加热淬火后未溶碳化物较少？

5）你认为哪个温度加热淬火最合适？为什么？

31. 指出下列工件的淬火及回火温度，并说出回火后获得的组织。

1）45钢小轴（要求综合力学性能好）。

2）60钢弹簧。

3）T12钢锉刀。

32. 两根45钢制造的轴，直径分别为10mm和100mm，在水中淬火后其横截面上的组织和硬度是如何分布的？

33. 甲、乙两厂生产同一种零件，均选用45钢，硬度要求220～250HBW。甲厂采用正火，乙厂采用调质处理，均能达到硬度要求，试分析甲、乙两厂产品的组织和性能差别。

34. 试说明表面淬火、渗碳、渗氮处理工艺在选用钢种、性能、应用范围等方面的差别。

35. 试述固溶强化、加工硬化和弥散强化的强化原理。

36. 合金元素提高钢的耐回火性的原因是什么？

37. 什么是钢的回火脆性？45、40Cr、35SiMn、40CrNiMo这几种钢中哪种钢的回火脆性严重？如何避免？

38. 为什么说得到马氏体并随后进行回火处理是钢中最经济而又最有效的强韧化方法？

39. 为什么$w_C=0.4\%$、$w_{Cr}=12\%$的铬钢属于过共析钢，而$w_C=1.0\%$、$w_{Cr}=12\%$的钢属于莱氏体钢？

40. 什么是激光淬火？它有什么特点？

41. 举出两个采用激光强化技术提高工件使用寿命的实际例子。

习题三　金属材料

一、名词解释

合金元素、结构钢、工程构件用钢、普通碳素结构钢、低合金高强度结构钢、机器零件用钢、渗碳钢、调质钢、弹簧钢、滚动轴承钢、易切削钢、铸钢、超高强度钢、工具钢、碳素工具钢、低合金工具钢、高速钢、特殊性能钢、不锈钢、耐热钢、耐磨钢、石墨化、白口铸铁、灰口铸铁、麻口铸铁、灰铸铁、球墨铸铁、可锻铸铁、孕育（变质）处理、球化处理、石墨化退火、变形铝合金、铸造铝合金、时效强化、回归、黄铜、青铜、白铜、钛合金、镁合金、轴承合金

二、选择题

1. 合金元素对奥氏体晶粒长大的影响是______。

a. 均强烈阻止奥氏体晶粒长大　b. 均强烈促进奥氏体晶粒长大

c. 无影响　d. 上述说法都不全面

2. 适合进行渗碳处理的钢有______。

a. 16Mn、15、20Cr、12Cr13、12Cr2Ni4A

b. 45、40Cr、65Mn、T12

c. 15、20Cr、18Cr2Ni4WA、20CrMnTi

3. 要制造直径25mm的螺栓，要求整个截面上具有良好的综合力学性能，应选用______。

a. 45钢经正火处理　b. 60Si2Mn经淬火和中温回火处理　c. 40Cr钢经调质处理

4. 制造手用锯条应选用______。

a. T12钢淬火后低温回火　b. 45钢淬火后高温回火　c. 65钢淬火后中温回火

5. 高速钢的热硬性取决于______。

a. 马氏体的多少　b. 淬火加热时溶入奥氏体中合金元素的量　c. 钢中的含碳量

6. 汽车及拖拉机的齿轮要求表面具有高硬度、高耐磨性、心部有良好的强韧性，应选用______。

a. 20钢渗碳淬火后低温回火　b. 40Cr淬火后高温回火

c. 20CrMnTi渗碳淬火后低温回火

7. 65、65Mn、60Si2Mn、50CrV属于______，其热处理特点是______。

a. 工具钢，淬火+低温回火　b. 轴承钢，渗碳+淬火+低温回火

c. 弹簧钢，淬火+中温回火

8. 二次硬化属于______。

a. 固溶强化　b. 细晶强化　c. 位错强化　d. 第二相强化

9. 06Cr18Ni11Ti奥氏体型不锈钢进行固溶处理的目的是______。

a. 获得单一的马氏体组织，提高硬度和耐磨性

b. 提高耐蚀性，防止晶间腐蚀　c. 降低硬度，便于切削加工

10. 拖拉机和坦克履带板会受到严重的磨损及强烈冲击，应选用______。

a. 20Cr 渗碳淬火后低温回火 b. ZGMn13-3 经水韧处理

c. W18Cr4V 淬火后低温回火

11. 制造轴、齿轮等零件所用的调质钢，其碳的质量分数范围是______，为了提高淬透性应加入合金元素______。

a. $w_C = 0.27\% \sim 0.50\%$ b. $w_C = 0.6\% \sim 0.9\%$ c. $w_C < 0.25\%$

d. Cr、Ni、Si、Mn、B e. W、Mo、V、Ti、Nb f. Co、Al、P、S

12. 45 钢、40CrNi 和 40CrNiMo 等调质钢产生第二类回火脆性的倾向大小是______。

a. 40CrNiMo > 40CrNi > 45 b. 40CrNi > 40CrNiMo > 45

c. 45 > 40CrNi > 40CrNiMo

13. 属于冷作模具钢的是______。

a. 9SiCr、9Mn2V、Cr12MoV b. 5CrNiMo、9Mn2V、3Cr2W8V

c. 5CrMnMo、Cr12MoV、9SiCr

14. 属于热作模具钢的是______。

a. 9CrWMn、9Mn2V、Cr12 b. 5CrNiMo、5CrMnMo、3Cr2W8V

c. 9SiCr、Cr12MoV、3Cr2W8V

15. 制造高速切削刀具的钢是______。

a. T12A、3Cr2W8V b. Cr12MoV、9SiCr c. W18Cr4V、W6Mo5Cr4V2

16. 用于制造医疗手术刀具的钢是______。

a. GCr15、40Cr、Cr12 b. Cr17、20Cr13、06Cr18Ni11Ti

c. 20Cr13、12Cr13、Cr12MoV d. 30Cr13、40Cr13

17. 为了改善高速钢铸态组织中的碳化物不均匀性，应进行______处理。

a. 完全退火 b. 正火 c. 球化退火 d. 锻造加工

18. 为了消除碳素工具钢中的网状渗碳体而进行正火，其加热温度是______。

a. $Ac_{cm} + (30 \sim 50)°C$ b. $Ar_{cm} + (30 \sim 50)°C$

c. $Ac_1 +\ (30 \sim 50)°C$ d. $Ac_3 + (30 \sim 50)°C$

19. 45 钢在水和油中冷却时，其临界直径分别用 $D_{0水}$ 和 $D_{0油}$ 表示，它们的关系是______。

a. $D_{0水} < D_{0油}$ b. $D_{0水} > D_{0油}$ c. $D_{0水} = D_{0油}$

20. 40Cr 与 40 钢相比，40Cr 的热处理工艺参数特点是______。

a. 奥氏体等温转变图左移，Ms 点上升 b. 奥氏体等温转变图左移，Ms 点下降

c. 奥氏体等温转变图右移，Ms 点下降 d. 奥氏体等温转变图右移，Ms 点上升

21. T8 钢与 60 钢相比，T8 钢的热处理工艺参数特点是______。

a. Ms 点低，奥氏体等温转变图靠左 b. Ms 点低，奥氏体等温转变图靠右

c. Ms 点高，奥氏体等温转变图靠左 d. Ms 点高，奥氏体等温转变图靠右

22. 40CrNiMoA 与 40 钢相比，40CrNiMoA 的热处理工艺参数特点是______。

a. Ms 点低，淬火后残留奥氏体量少 b. Ms 点低，淬火后残留奥氏体量多

c. Ms 点高，淬火后残留奥氏体量少 d. Ms 点高，淬火后残留奥氏体量多

23. 同种调质钢淬透试样与未淬透试样相比，当回火硬度相同时______。

a. 淬透试样的 R_m 大大提高 b. 淬透试样的 R_m 大大降低

c. 未淬透试样的 R_{eL} 和 a_K 明显下降 d. 未淬透试样的 R_{eL} 和 a_K 明显提高

24. 钢的热硬性主要取决于______。

a. 钢的含碳量　　b. 马氏体的含碳量

c. 残留奥氏体的含碳量　　d. 马氏体的耐回火性

25. 产生第二类回火脆性较严重的钢是______。

a. 碳素钢　b. 铬钢　c. 铬镍钼钢

26. 铸铁石墨化的几个阶段完全进行，其显微组织为______。

a. F + G　b. F + P + G　c. P + G

27. 铸铁石墨化的第一阶段完全进行，第二阶段部分进行，其显微组织为______。

a. F + G　b. P + G　c. F + P + G

28. 铸铁石墨化过程的第一阶段完全进行，第二阶段未进行，其显微组织为______。

a. F + P + G　b. P + G　c. F + G

29. 提高灰铸铁的耐磨性应采用______。

a. 整体淬火　b. 渗碳处理　c. 表面淬火

30. 机架和机床床身应选用______。

a. 白口铸铁　b. 灰铸铁　c. 麻口铸铁

31. 下述几种变形铝合金系中属于超硬铝合金的是______。

a. Al-Mn 和 Al-Mg　b. Al-Cu-Mg

c. Al-Cu-Mg-Zn　d. Al-Mg-Si-Cu

32. 下述几种变形铝合金系中属于锻造铝合金的是______。

a. Al-Mn 和 Al-Mg　b. Al-Cu-Mg

c. Al-Cu-Mg-Zn　d. Al-Mg-Si-Cu

33. 把经淬火时效的铝合金迅速加热到 200～300°C 或略高一些的温度，保温 2～3min 后在清水中冷却，使其恢复到淬火状态，这种工艺叫做______。

a. 低温回火　b. 再结晶退火

c. 回归处理　d. 稳定化处理

34. 铝合金（Al-Cu）的时效过程为______。

a. 富溶质原子区→θ→θ′→θ″　b. 富溶质原子区→θ″→θ′→θ

c. θ→θ′→θ″→富溶质原子区　d. θ″→θ′→θ→富溶质原子区

35. 硬铝淬火时效后的强度、硬度和塑性与刚刚淬火后的相比______。

a. 强度、硬度提高，塑性降低　b. 强度、硬度降低，塑性提高

c. 强度、硬度和塑性均提高　d. 强度、硬度和塑性均降低

36. 将冷变形加工后的黄铜加热到 250～300°C 保温 1～3h 后空冷，这种处理叫做______。

a. 防季裂退火　b. 再结晶退火

c. 高温回火　d. 稳定化回火

37. HMn58-2 是______的代号，它表示______的质量分数为 58%，而______的质量分数为 2%。

a. 普通黄铜　b. 特殊黄铜　c. 无锡青铜

d. Mn　e. Cu　f. Zn

38. 在青铜中，常用淬火回火方法进行强化的铜合金是______。

a. 铍青铜 b. 铝青铜 c. 锡青铜

39. 对于α+β两相钛合金，可采用______热处理方法强化。

a. 再结晶退火 b. 淬火回火

c. 淬火+时效 d. 上述方法都不能强化

40. TA3属于______材料，用于______。

a. 工业纯钛，飞机蒙皮 b. β型钛合金，压气机叶片

c. α+β型钛合金，发动机零件 d. α型钛合金，导弹燃料罐

41. 可热处理强化的变形铝合金淬火后在室温放置一段时间，则其力学性能会发生的变化是______。

a. 强度和硬度显著下降，塑性提高

b. 硬度和强度明显提高，但塑性下降

c. 强度、硬度和塑性都有明显提高

42. 镁合金按成分及生产工艺特点，可分为______和______两大类。

a. 高强度镁合金、高硬度镁合金 b. 高强度铸造镁合金、耐热铸造镁合金

c. 变形镁合金、铸造镁合金 d. 耐热铸造镁合金、变形镁合金

三、判断题

1. 所有合金元素都能提高钢的淬透性。

2. 调质钢的合金化主要是考虑提高其热硬性。

3. 合金元素对钢的强化效果主要是固溶强化。

4. T8比T12和40钢有更好的淬透性和淬硬性。

5. 奥氏体型不锈钢只能采用加工硬化。

6. 高速钢需要反复镦拔锻造是因为硬度高不易成形。

7. T8与20MnVB相比，其淬硬性和淬透性都较低。

8. 18-4-1高速钢采用很高的温度淬火，其目的是使碳化物尽可能多地溶入奥氏体中，从而提高钢的热硬性。

9. 奥氏体不锈钢的热处理工艺是淬火后稳定化处理。

10. 所有合金元素均使*Ms*、*Mf*下降。

11. 优质碳素结构钢用两位数字表示其平均w_C，以0.01%为单位，如45表示其平均w_C=0.45%。

12. 碳素工具钢用字母“T”及后面的数字来编号，数字表示钢中平均w_C，以0.1%为单位，如T8表示平均w_C=0.8%。

13. 碳素工具钢经热处理后具有良好的硬度和耐磨性，但热硬性不高，故只适宜作手动工具等。

14. 碳素结构钢的淬透性较好，而耐回火性较差。

15. 合金调质钢的综合力学性能高于碳素调质钢。

16. 在钢中加入多种合金元素比加入单一元素的效果好些，因而合金钢将向合金元素多元少量的方向发展。

17. 将两种或两种以上金属元素或金属元素与非金属元素熔合在一起，或烧结在一起得到具有金属特性的物质叫做合金。

18. 在碳钢中，具有共析成分的钢比亚共析钢和过共析钢具有更好的淬透性。

19. 若T8钢与T12钢的淬火温度相同，那么它们淬火后的残留奥氏体量也是一样的。

20. 不论钢的含碳量高低，其淬火马氏体的硬度都高而脆性都很大。

21. 钢中合金元素含量越多，则淬火后钢的硬度越高。

22. 汽车拖拉机的齿轮要求表面高硬度、高耐磨，中心有良好的强韧性，应选用40Cr钢，经淬火+高温回火处理。

23. 滚动轴承钢（GCr15）其 $w_{Cr}=15\%$。

24. 调质处理的主要目的是提高钢的塑性。

25. 调质结构钢多为过共析钢。

26. 65Mn是弹簧钢，45Mn是碳素调质钢。

27. 弹簧工作时的最大应力出现在它的表面上。

28. 对于受弯曲或扭转变形的轴类调质零件，也必须淬透。

29. 提高弹簧表面质量的处理方法之一是喷丸处理。

30. 有高温回火脆性的钢，回火后应采用油冷或水冷。

31. 含锰和含硼的合金调质钢过热倾向较小。

32. 合金元素除Co以外都使奥氏体等温转变图往右移，但必须使合金元素溶入奥氏体后才有这样的作用。

33. 石墨化是指铸铁中碳原子析出形成石墨的过程。

34. 可锻铸铁可在高温下进行锻造加工。

35. 热处理可以改变铸铁中的石墨形态。

36. 球墨铸铁可通过热处理来提高其力学性能。

37. 采用整体淬火的热处理方法，可以显著提高灰铸铁的力学性能。

38. 采用热处理方法，可以使灰铸铁中的片状石墨细化，从而提高其力学性能。

39. 铸铁可以通过再结晶退火使晶粒细化，从而提高其力学性能。

40. 灰铸铁的减振性能比钢好。

41. 1070A比1200的纯度差。

42. T1比T5的纯度高。

43. 5A05、2A12、2A50都是变形铝合金。

44. 6A02和2A50铝合金具有优良的锻造性。

45. 单相黄铜比双相黄铜的塑性和强度都高。

46. 制造飞机起落架和大梁等承载零件时可选用防锈铝。

47. 铸造铝合金的铸造性好，但塑性较差，不宜进行压力加工。

48. 铜和铝及其合金均可以利用固态相变来提高强度和硬度。

49. α型钛合金可以进行热处理强化。

50. 镁合金可以制作重要的结构零件。

51. 轴承合金是制造轴承内外圈套和滚动体的材料。

52. 由于滑动轴承的轴瓦、内衬在工作中承受磨损，故要求有特高的硬度和耐磨性。

四、综合题

1. 钢中常存的杂质有哪些？硫、磷对钢的性能有哪些有害和有益的影响？

2. 为什么比较重要的大截面结构零件都必须用合金钢制造？与碳钢相比，合金钢有哪些优点？

3. 合金钢中经常加入的合金元素有哪些？怎样分类？

4. 为什么碳钢在室温下不存在单一奥氏体或单一铁素体组织，而合金钢中有可能存在这类组织？

5. 合金元素对回火转变有哪些影响？

6. 试从资源情况分析我国合金结构钢的合金化方案特点。

7. 为什么低合金高强度结构钢用锰作为主要合金元素？

8. 试述渗碳钢和调质钢的合金化及热处理特点。

9. 为什么合金弹簧钢以硅为重要的合金元素？弹簧淬火后为什么要进行中温回火？为了提高弹簧的使用寿命，在热处理后应采取哪些有效措施？

10. 轴承钢为什么要用铬钢？为什么对钢中的非金属夹杂物限制特别严格？

11. 解释下列现象：

1）在相同含碳量下，除了含镍、锰的合金钢外，大多数合金钢的热处理温度都比碳钢高。

2）含碳量相同时，含碳化物形成元素的合金钢比碳钢具有较高的耐回火性。

3）$w_C \geqslant 0.4\%$、$w_{Cr}=12\%$ 的铬钢属于过共析钢，而 $w_C=1.0\%$、$w_{Cr}=12\%$ 的钢属于莱氏体钢。

4）高速钢经热锻或热轧后，经空冷获得马氏体组织。

5）在相同含碳量下，与碳钢相比，合金钢的淬火变形和开裂现象不易产生。

6）调质钢在回火后需快冷至室温。

7）高速钢需高温淬火和多次回火。

12. W18Cr4V 钢的 Ac_1 为 820℃，若以一般工具钢 $Ac_1+30\sim50$℃的常规方法来确定其淬火温度，最终热处理后能否达到高速切削刀具所要求的性能，为什么？其实际淬火温度是多少？W18Cr4V 钢刀具在正常淬火后都要在 560℃进行三次回火，这又是为什么？

13. 直径为 25mm 的 40CrNiMo 棒料毛坯，经正火处理后硬度高，很难切削加工，这是什么原因？设计一个最简单的热处理方法以提高其切削加工性能。

14. 某厂的冷冲模原用 W18Cr4V 钢制造，在使用时经常发生崩刃、掉渣等现象，冲模寿命很短；后改用 W6Mo5Cr4V2 钢制造，热处理时采用低温淬火（1150℃），冲模寿命大大提高，试分析其原因。

15. 一些中、小工厂在用 Cr12 型钢制造冷作模具时，往往是用原钢料直接进行机械加工或稍加改锻后进行机械加工，热处理后送交使用，经这种加工的模具寿命一般都比较短。改进的措施是将毛坯进行充分的锻造，这样模具使用寿命有明显提高，这是什么原因？

16. 不锈钢的固溶处理与稳定化处理的目的各是什么？

17. 试分析 20CrMnTi 钢和 06Cr18Ni11Ti 钢中 Ti 的作用。

18. 试分析合金元素 Cr 在 40Cr、GCr15、CrWMn、12Cr13、06Cr18Ni11Ti 等钢中的作用。

19. 试就牌号 20CrMnTi、65、T8、40Cr，讨论如下问题：

1）在加热温度相同的情况下，比较其淬透性和淬硬性，并说明理由。

2）各种钢的用途、热处理工艺及最终的组织。

20. 要制造机床主轴、拖拉机后桥齿轮、铰刀、汽车板簧等，试选择合适的钢种，并提出热处理工艺。其最后组织是什么？性能如何？

21. 什么叫热硬性？它与二次硬化有何关系？W18Cr4V 钢的二次硬化发生在哪个回火温度范围？

22. 试述 W18Cr4V 钢经铸造、退火、淬火及回火的金相组织。

23. 冷作模具钢所要求的性能是什么？为什么尺寸较大的、重负荷的、要求高耐磨和微变形的冷冲模具大都选用 Cr12MoV 钢制造？

24. 为什么量具在保存和使用过程中尺寸会发生变化？采用什么措施可使量具尺寸保持长期稳定？

25. 何谓化学腐蚀与电化学腐蚀？提高钢的耐蚀性途径有哪些？

26. 不锈钢的成分特点是什么？Cr12MoV 是否为不锈钢？

27. 奥氏体不锈钢的淬火处理与一般钢的淬火处理有何不同？

28. 试总结铸铁石墨化发生的条件和过程。

29. 试述石墨形态对铸铁性能的影响。

30. 白口铸铁、灰铸铁和碳钢，这三者在成分、组织和性能上有何主要区别？

31. 为什么一般机器的支架、机床的床身均用灰铸铁制造？

32. 出现下列不正常现象时，应采取什么有效措施予以防止和改善？

1）灰铸铁磨床床身在铸造以后就进行切削，在切削加工后发生不允许的变形。

2）灰铸铁薄壁处出现白口组织，造成切削加工困难。

33. 指出下列铸铁的类别、用途及性能的主要指标：

1）HT150，HT400。

2）KTH350-10，KTZ700-02。

3）QT450-10。

34. 有色金属及其合金的强化方法与钢的强化方法有何不同？

35. 试述铝合金的合金化原则。哪些元素为铝合金的主加元素？哪些为辅加元素？

36. 铝合金性能有何特点？为什么在工业上能得到广泛应用？

37. 铸造铝合金（如 Al-Si 合金）为何要进行变质处理？

38. 如果铝合金的晶粒粗大，能否用重新加热的方法细化？

39. 铜合金的性能有何特点？在工业上的主要用途是什么？

40. 锡青铜属于什么合金？为什么工业用锡青铜一般 $w_{Sn} \leqslant 14\%$？

41. 为什么含锌量较多的黄铜经冷加工后不宜在潮湿的大气、海水及含有氨的环境下使用？用什么方法可改善其耐蚀性？

42. 说出下列材料的类别，并各举一个应用实例：2A12（LY12）、ZAlSi12、H62、ZSnSb11Cu6、QBe2。例如：5A11（LF11）为防锈铝合金，可制造油箱。

43. 应用最广泛的 $\alpha+\beta$ 型钛合金的牌号是什么？

44. 镁及镁合金的特点是什么？

习题四　高分子材料

一、名词解释

塑料、增塑剂、稳定剂、固化剂、润滑剂、热固性塑料、热塑性塑料、通用塑料、工程塑料、特种塑料、注射成型、浇注成型、挤压成型、聚酰胺、聚甲醛、聚砜、ABS、酚醛树脂、橡胶、合成纤维、胶粘剂、涂料

二、填空题

1. 按应用范围分类，可将塑料分为______、______、______。

2. 工程高聚物按断裂特性可分为五大类型：______，如______；______，如______；______，如______；______，如______；______，如______。

3. 热塑性工程塑料主要包括______、______、______、______、______、______。热固性工程塑料主要有______、______。

4. 某厂使用库存已两年的尼龙绳吊具时，在承载能力远大于吊装应力时发生断裂事故，其断裂原因是______。

三、选择题

1. 制作电源插座选用______，制作飞机窗玻璃选用______，制作化工管道选用______，制作齿轮选用______。

a. 酚醛树脂　b. 聚氯乙烯　c. 聚甲基丙烯酸甲酯　d. 尼龙

2. 橡胶是优良的减振材料和摩阻材料，因为它具有突出的______。

a. 高弹性　b. 粘弹性　c. 塑料　d. 减摩性

四、判断题

1. 塑料之所以用于机械结构是由于其强度和硬度比金属高，特别是比强度高。

2. 聚酰胺是最早发现能够承受载荷的热固性塑料。

3. 聚四氟乙烯由于具有优异的耐化学腐蚀性，即使在高温下及强碱、强氧化剂下也不受腐蚀，故有“塑料之王”之称。

4. 聚甲基丙烯酸甲酯是塑料中最好的透明材料，但其透光率仍比普通玻璃差得多。

5. 酚醛树脂具有较高的强度和硬度、良好的绝缘性等性能，因此是用于电子、仪表工业中的最理想的热塑性塑料。

五、综合题

1. 何谓高聚物的老化？怎样防止老化？

2. 试述常用工程塑料的种类、性能和应用。

3. 用全塑料制造的零件有何优缺点？

4. 与金属相比，在设计塑料零件时，举出四种受限制的因素。

5. 橡胶为什么可以用作减振制品？

6. 用塑料制造轴承，应选用什么材料？选用依据是什么？

7. 简述常用合成纤维及胶粘剂的种类、性能特点及应用。

习题五　陶 瓷 材 料

一、名词解释

陶瓷、金属陶瓷、特种陶瓷、刚玉陶瓷、氮化硅陶瓷、硬质合金

二、填空题

1. 按原料来源不同，可将陶瓷分为______和______，按用途可分为______和______，按性能可分为______、______和______。

2. 陶瓷的生产过程一般都要经过______、______与______三个阶段。

3. 传统陶瓷的基本原料是______、______和______。

4. 可制备高温陶瓷的化合物是______、______、______和______，它们的键主要是______和______。

5. YT30 是____，其成分由______、______和______组成，可用于制作____。

三、选择题

1. Al_2O_3 陶瓷可用作______，SiC 陶瓷可用作______，Si_3N_4 陶瓷可用作____。

a. 砂轮　b. 叶片　c. 刀具　d. 磨料　e. 坩埚

2. 传统陶瓷包括______，而特种陶瓷主要有______。

a. 水泥　b. 氧化铝　c. 碳化硅　d. 氮化硼　e. 耐火材料　f. 日用陶瓷　g. 氮化硅　h. 玻璃

3. 热电偶套管用______合适，验电笔手柄用______合适，汽轮机叶片用______合适。

a. 聚氯乙烯　b. 20Cr13　c. 高温陶瓷　d. 锰黄铜

四、判断题

1. 陶瓷材料的强度都很高。

2. 立方氮化硼（BN）的硬度与金刚石相近，是金刚石很好的代用品。

3. 陶瓷材料可以作为高温材料，也可以作为耐磨材料使用。

4. 陶瓷材料可以作为刃具材料，也可以作为保温材料使用。

五、综合题

1. 何为传统陶瓷？何为特种陶瓷？两者在成分上有何异同？

2. 陶瓷材料的显微组织中通常有哪三种相？它们对材料的性能有何影响？

3. 简述陶瓷材料的种类、性能特点及应用。

4. 简述硬质合金的种类、性能特点及应用。

5. 钢结硬质合金的成分、性能及应用特点是什么？

习题六 复 合 材料

一、名词解释

复合材料、纤维复合材料、断裂安全性、比刚度、比强度、偶联剂、玻璃钢

二、填空题

1. 木材是由______和______组成的，灰铸铁是由______和______组成的。

2. 在纤维增强复合材料中，性能比较好的纤维主要是______、______、______、______、______。

3. 在纤维复合材料中，碳纤维长度应该______，碳纤维直径应该______。

4. 玻璃钢是______和______的复合材料。

三、选择题

1. 细粒复合材料中细粒相的直径______时增强效果最好。

a. 小于0.01μm　b. 为0.01 ~0.10μm　c. 大于0.10μm

2. 设计纤维复合材料时，对于韧性较低的基体，碳纤维的膨胀系数可______，对于塑性较好的基体，碳纤维的膨胀系数可______。

a. 略低　b. 相差很大　c. 略高　d. 相同

3. 车辆车身可用______制造，火箭机架可用______制造，直升机螺旋桨叶可用______制造。

a. 碳纤维树脂复合材料　b. 热固性玻璃钢　c. 硼纤维树脂复合材料

四、判断题

1. 金属、陶瓷、聚合物可以相互任意地组成复合材料，它们都可以作为基本相，也都可以作为增强相。

2. 纤维与基体之间的结合强度越高越好。

3. 为了使复合材料获得高的强度，其纤维的弹性模量必须很高。

4. 纤维增强复合材料中的纤维直径越小，纤维增强的效果越好。

5. 玻璃钢是由玻璃和钢组成的复合材料。

五、综合题

1. 复合材料的分类有哪些？

2. 粒子增强、纤维增强的机制是什么？

3. 影响复合材料广泛应用的因素是什么？通过什么途径来进一步提高其性能并扩大其使用范围？

4. 常用增强纤维有哪些？它们各自的性能特点是什么？

习题七 其他工程材料

一、名词解释

功能材料、超导体、超弹性、形状记忆效应、超导转变温度、纳米材料、小尺寸效应、生物材料

二、填空题

1. 弹性合金可分为______和______两大类。
2. 常用的膨胀材料有______、______、______三种类型。
3. 电阻材料按特性与用途可分为______、______和______。
4. 超导体在临界温度 T_c 以上具有完全的______和完全的______。
5. 形状记忆合金利用材料的______和______的特性来实现形状恢复。

三、选择题

1. 高弹性合金具有______。

a. 高的弹性极限和高的弹性模量　b. 高的弹性极限和低的弹性模量

c. 低的弹性极限和高的弹性模量　d. 低的弹性极限和低的弹性模量

2. 电阻材料的电阻温度系数______。

a. 越大越好　b. 越小越好　c. 大小没有要求

3. 形状记忆合金构件在______态进行塑性变形，在______后，恢复原来的形状。

a. 马氏体，加热转变成母相　b. 母相，冷却转变成马氏体

c. 马氏体，停留若干天　d. 母相，加热转变新的母相

4. 热双金属片的主动层和被动层分别是______。

a. 定膨胀合金和高膨胀合金　b. 高膨胀合金和定膨胀合金

c. 定膨胀合金和低膨胀合金　d. 高膨胀合金和低膨胀合金

四、判断题

1. 储氢合金是合金固溶氢气形成含氢的固溶体，在一定条件下，该合金分解释放氢气。
2. 膨胀系数较大的材料称为膨胀材料。
3. 永磁材料被外磁场磁化后，去掉外磁场仍然保持有较强的剩磁。
4. 高聚物是由许多长的分子链组成的，所以高聚物都是弹性材料。
5. “惰性气体冷凝法” 主要是指将预先制备的孤立纳米颗粒凝固成块体材料的方法。

五、综合题

1. 高弹性合金具有哪些特性？分为哪几类？
2. 定膨胀合金的特点是什么？并说出它的主要用途。
3. 什么是电阻材料？它有哪些特性？
4. 什么是超导体、超导体的临界温度？并说明超导体的主要用途。
5. 形状记忆合金和形状记忆高聚物在形状记忆机理方面有何不同？
6. 纳米材料具有什么样的性能特点？
7. 未来材料科学研究具有哪些特点？材料科学的发展方向是什么？

习题八　机械零件的失效与强化

一、名词解释

失效、蠕变、疲劳、强化、强韧化

二、填空题

1. 失效分析的任务是______，并据此制订______。

2. 过量变形失效包括______、______、______。

3. 断裂失效包括______、______、______、______、______。

4. 表面损伤失效主要包括______、______、______。

5. 失效分析的一般程序是______、______、______、______。

6. 失效分析过程中的试验分析包括______、______、______、______、______及______等。

7. 失效分析报告一般包括以下内容：______、______、______、______、______、______。

8. 工程材料的强化方法有______、______、______、______、______。

9. 工程材料的强韧化方法有______、______、______、______、______、______。

三、判断题

1. 只要是形成固溶体，其强度就比溶剂金属的强度高。

2. 冷变形能使金属的屈服强度提高，而且形变量越大屈服强度越高。所以，利用形变进行强化时，形变量越大越好。

3. 细化晶粒不仅能使材料的强度提高，同时也能提高材料的塑性和韧性。

4. 各种成分的钢都可利用亚温淬火的方法进行强韧化。

5. 最危险的、会带来灾难性后果的失效形式是低应力脆断、疲劳断裂和应力腐蚀开裂，因为在这些断裂之前没有明显的征兆，很难预防。

6. 零件的失效原因可以从设计、材料、加工和安装使用这四个方面去找。

四、综合题

1. 形变热处理的强韧化原因是什么？

2. 说明第二相的形状、大小及分布对其强化效果的影响。

3. 为什么对钢铁材料来说，在各种强化方法中，相变强化的效果最显著？

4. 亚温淬火的强韧化原因是什么？

5. 为什么细化晶粒既能提高材料的强度，又能提高材料的塑性和韧性？

习题九　典型零件的选材及工程材料的应用

一、名词解释

使用性能、工艺性能

二、填空题

1. 机械零件设计的主要内容包括______、______、______和______。

2. 机械零件选材的基本原则是______、______、______。

3. 材料的经济性一般包括______、______与______等。

4. 高分子材料的加工工艺______，切削加工性______，但它的______较差。

5. 陶瓷材料的加工工艺______，但成型后除了磨削加工外，______进行其他加工。

6. 金属材料的加工工艺______，而且______多，不仅影响零件的______，还影响其______。

7. 零件的选材必须保证其______和______的总成本最低。零件的总成本与其______、______、______、______和______有关。

8. 低速重载齿轮可用______钢制造，并进行______热处理；中速、重载齿轮用______钢制造，并进行______及______热处理；高速、中载并受冲击的齿轮用______钢制造，并进行______热处理。

9. 汽车半轴要求其材料具有较高的综合力学性能，通常选用______钢制造。中小型汽车的半轴一般用______、______钢制造，而重型汽车半轴用______、______或______等淬透性较高的合金钢制造。

10. 机床主轴法兰联接螺栓可用______钢制造并进行______热处理；大型工程机械的联接螺栓用______、______等合金结构钢制造，并进行______热处理。

三、简要回答题

1. 齿轮类零件工作时的受力情况是怎样的？主要失效形式有哪些？对齿轮用材有哪些性能要求？

2. 轴类零件工作时的受力情况是怎样的？主要失效形式有哪些？对轴类零件用材有哪些性能要求？

3. 弹簧类零件的工作条件是怎样的？其主要失效形式有哪些？对弹簧类零件用材有哪些性能要求？

四、选择题

1. 零件的使用性能取决于零件的______和______热处理。

（选材、设计、安装；预备、最终）

2. 大功率内燃机曲轴选用______，中吨位汽车曲轴选用______，C620 车床主轴选用______，精密镗床主轴选用______。

（45 钢，球墨铸铁，38CrMoAl，合金球墨铸铁）

3. 汽车变速齿轮选用 20CrMnTi 制造，试在其加工工艺路线上填入热处理工序名称：

下料→锻造→______→切削加工→______→喷丸→磨削加工。

（退火，正火，调质，渗碳、淬火+低温回火）

4. 高精度磨床用38CrMoAl制造，试在其加工工艺路线上填入热处理工序名称。

下料→锻造→______→粗加工______→精加工→______→粗磨→______→精磨。

（调质，渗氮，消除应力，退火）

5. 弹簧用材要有高的______极限和______比以及高的______强度。

（屈服，弹性，屈强，疲劳）

6. 汽车板簧选用______制造，成形后需进行______处理以使其具有高的弹性极限，然后进行喷丸强化，以提高其______。

（45，20Cr，60Si2Mn，38CrMoAl；淬火，淬火+中温回火，调质，正火；抗拉强度，屈服强度，耐磨性，疲劳强度）

7. 汽车发动机的活塞销要求有较高的疲劳强度和冲击韧度且表面耐磨，一般应选用______制造，并进行______处理。

（45，T8，QT700-2，20Cr；调质，正火，淬火，渗碳、淬火+低温回火）

8. 用螺钉旋具拧动螺钉，旋具头部经常以磨损、卷刃或崩刃的形式失效，杆部承受较大的扭转和轴向弯曲应力，所以头部应有较高的硬度，杆部应有较高的刚度和屈服强度，并且都要有一定的韧性（以免断裂）。螺钉旋具把的直径较大（为了省力），主要要求质量轻，绝缘性能好，与锥杆能牢固地结合，外观漂亮，因此，杆部的材料应选用______，头部进行______处理，杆部进行______处理；旋具把的材料应选用______。

（高碳钢，低碳钢，中碳钢，塑料、橡胶、木料；淬火，正火，调质，退火）

五、综合题

1. 机械零件或试样的尺寸越大，在相同的热处理条件下力学性能越低，此即所谓尺寸效应。试解释其道理，并说明在选材时应注意什么？

2. 一尺寸为 ϕ30mm×250mm 的轴，用30钢制造，经高频淬火（水冷）和低温回火，要求摩擦部分表面硬度达50~55HRC，但在使用过程中该部分严重磨损，试分析失效原因并提出解决办法。

3. 某工厂用T10钢制造钻头，给一批铸件钻 ϕ10mm 的深孔，但钻几个孔后钻头即很快磨损。经过检验，钻头的材质、热处理、金相组织和硬度都合格，问失效原因和解决方案。

4. 高精度磨床主轴要求变形小，表面硬度高（>900HV），心部强度高，并有一定的韧性。问应选用什么材料？采用什么样的加工工艺路线？

5. 拖拉机差速器齿轮要求有高的耐磨性和疲劳强度，心部有足够的强度和冲击韧度。试为其选材并确定加工工艺路线。

第二篇　参考答案

习题一　参考答案

一、材料的性能

（一）名词解释

弹性变形：去掉外力后，可以立即恢复的变形称为弹性变形。

塑性变形：当外力去除后不能恢复的变形称为塑性变形。

冲击韧性：材料抵抗冲击载荷而不破坏的能力称为冲击韧性。

疲劳强度：当材料承受交变载荷且应力低于一定值时，试样可经受无限次周期循环而不破坏，此应力值称为材料的疲劳强度。

抗拉强度：是指材料发生变形后，在应力应变曲线中应力达到的最大值。

屈服强度：是指材料开始发生塑性变形时的应力值。

A：为塑性变形的伸长率，是材料塑性变形的指标之一。

HBW：布氏硬度。将硬质合金球以相应的试验力压入试样表面，保持规定时间后去除外力，然后用试验力除以压痕球冠表面积。常用于有色金属及铸铁的硬度测量。

HRC：洛氏硬度，以测量压痕深度表示材料的硬度值，压头为120°金刚石圆锥体，在实际生产中常用于淬火件的硬度测量。

（二）填空题

1. 屈服强度、抗拉强度、疲劳强度。
2. 伸长率、断面收缩率，断面收缩率。
3. 摆锤式一次冲击试验、小能量多次冲击试验，U 型缺口试样、V 型缺口试样。
4. 洛氏、布氏、维氏。
5. 冶炼性、铸造性、压力加工性、切削加工性、焊接性、热处理工艺性。

（三）选择题

1. b
2. c
3. b
4. d 、f 、a

（四）判断题

1. 对

2. 对

3. 错

4. 错

（五）综合题

1.

最大载荷 $F_m = R_m s_0 = 538\text{MPa} \times \pi\left(\frac{10\text{mm}}{2}\right)^2 = 42233\text{N}$

断面收缩率 $Z = \frac{A_0 - A_1}{A_0} = \frac{10\text{mm} - 8\text{mm}}{10\text{mm}} \times 100\% = 20\%$

2. 在弹性变形范围内利用胡克定律

$\sigma = G\varepsilon$

$$\sigma = \frac{F}{S}, \varepsilon = \frac{\sigma}{G} = \frac{F}{SG} = \frac{4900\text{N}}{\pi\left(\frac{2.5\text{mm}}{2}\right)^2 \times 20500\text{MPa}} = 4.87\%$$

3. $\rho_{20} = \frac{0.13\Omega \times (0.5\text{mm}^2) \times 3.14}{1\text{m}} = 1.02 \times 10^{-7}\Omega \cdot \text{m}$；

$\rho_{30} = \frac{0.18\Omega \times (0.5\text{mm})^2 \times 3.14}{1\text{m}} = 1.41 \times 10^{-7}\Omega \cdot \text{m}$。

二、材料的结合方式及工程材料的键性

（一）名词解释

结合键：组成物质的质点（原子、分子或离子）间的相互作用力称为结合键，主要有共价键、离子键、金属键、分子键。

晶体：是指原子在其内部沿三维空间呈周期性重复排列的一类物质。

非晶体：是指原子在其内部沿三维空间呈紊乱、无序排列的一类物质。

近程有序：是指在很小的范围内（一般为几个原子间距）原子排列存在着规律性。

（二）填空题

1. 四，共价键、离子键、金属键、分子键。

2. 共价键、分子键，共价键、分子键。

3. 强。

4. 高。

（三）选择题

1. a

2. b

3. a

（四）判断题

1. 错

2. 错

3. 对

4. 错

（五）综合题

1. 晶体的特点：①结构有序；②物理性质表现为各向异性；③有固定的熔点；④在一定条件下有规则的几何外形。非晶体的特点：①结构无序；②物理性质表现为各向同性；③没有固定的熔点；④热导率和热膨胀性小；⑤塑性形变大；⑥化学组成的变化范围大。

2.

1）离子键：正离子和负离子由静电引力相互吸引，无方向性和饱和性。

2）共价键：由共用价电子对产生的结合键，具有方向性和饱和性。共价键的结合力很大，所以共价晶体强度高、硬度高、脆性大、熔点高、沸点高、挥发性低。

3）金属键：正离子和电子气之间产生强烈的静电吸引力，使全部离子结合起来。金属键无方向性和饱和性，具有良好的导电性和导热性、正的电阻温度系数、良好的塑性变形能力，不透明并呈现特有的金属光泽。

4）分子键：原子或分子之间是靠范德华力结合起来的，这种结合键称为分子键。范德华力很弱，因此由分子键结合的固体材料熔点低、硬度也很低，且无自由电子，因此材料具有良好的绝缘性。

三、金属的结构与性能

（一）名词解释

空间点阵：将原子（分子或分子集团）看成空间的几何点，这些点的空间排列称为空间点阵。

晶格：用一些假想的空间直线将空间阵点连接起来，就构成了三维空间几何格架，称为晶格。

晶胞：晶格中最能代表原子排列特征的最基本的几何单元，称为晶胞。

原子半径：是指晶胞中原子排列最紧密方向上相邻两原子之间距离的一半。

配位数：晶体结构中与任一原子最近邻且等距离的原子数。

致密度：晶胞中原子所占的体积分数，$K=\frac{nv}{V}$。

空位：在实际结构中未被原子占据的结点，称为空位。

间隙原子：是指脱离平衡位置、跑到晶格间隙位置的原子。

位错：①晶体中原子排列时发生了某种有规律的错排现象；②晶体中已滑移区与未滑移区的分界线；③柏氏矢量不为零的晶体缺陷。

刃型位错：晶体中沿某一晶面的上下原子列数目不等，此位错相当于多余半个原子面像刀刃一样插入完整晶体后形成，因此称为刃型位错。刃型位错是柏氏矢量与位错线相互垂直的位错。

螺型位错：柏氏矢量与位错线相互平行的位错称为螺型位错。

晶界：晶粒与晶粒之间的接触界面称为晶界。

亚晶界：是指在一个晶粒内部一部分小晶块与另一部分小晶块之间的交界。

组元：组成合金的最基本独立单元称为组元，它可以是元素，也可以是稳定化合物。例如，在 $Fe\text{-}Fe_3C$ 相图中，铁元素是一个组元，稳定化合物 Fe_3C 是另一个组元。

相：在系统中具有同一化学成分、同一结构、同一原子聚集状态，并以界面分开的均匀组成部分称为相。

组织：是指用肉眼或显微镜观察到的不同组成相的形状、尺寸、分布及各相之间的组合状态。

固溶体：合金的组元通过溶解形成一种成分及性能均匀，且结构与组元之一相同的固相，称为固溶体。

化合物：合金组元相互作用形成的晶格类型与特性完全不同于任一组元的新相，称为化合物。

正常价化合物：组元间电负性相差较大，且形成的化合物严格遵守化合价规律。

电子化合物：组元间形成的化合物不遵守化合价规律，但符合一定电子浓度。

间隙相：$r_{非}/r_{金}<0.59$ 时形成的具有简单晶格结构的间隙化合物。

间隙化合物：由过渡族元素与碳、氮、氢、硼等原子半径较小的非金属元素形成的化合物。

固溶强化：随着溶质含量的增加，固溶体的强度、硬度提高，塑性、韧性下降，称为固溶强化

（二）填空题

1. 原子结构、原子间结合力的性质。

2. 晶界、亚晶界。

3. $[111]$、$[\bar{1}11]$、$[1\bar{1}1]$、$[11\bar{1}]$ 及其反向 $[\bar{1}\bar{1}\bar{1}]$、$[1\bar{1}\bar{1}]$、$[\bar{1}1\bar{1}]$、$[\bar{1}\bar{1}1]$。

4. 2 个。

（三）选择题

1. c

2. b

3. c

4. a

5. d

（四）判断题

1. 错

2. 错

3. 对

4. 对

5. 错

6. 对

（五）综合题

1. 晶向指数的确定方法：①确定原子坐标；②由坐标原点引一条与待定晶向平行的直线；③求直线上任意一点的三个坐标值；④将三个坐标值化为最简单整数，并将其用方括号括上，即为所求。

晶面指数的确定方法：①确定原子坐标；②求出待定晶面在三个坐标轴上的截距；③求三个截距值的倒数；④化成最简单的整数，并用圆括号括上，即为所求。

2. 实际晶体中存在点、线、面缺陷，它们的存在会引起材料的力学性能、物理性能、化学性能及工艺性能变化。

3. 在体心立方晶体中

$$原子半径\ r=\frac{\sqrt{3}}{4}a=1.24\times10^{-10}\mathrm{m}$$

$$致密度\ K=\frac{2\times\frac{4}{3}\pi r^3}{a^3}=\frac{2\times\frac{4}{3}\pi\times\left(\frac{\sqrt{3}}{4}a\right)^3}{a^3}\approx0.68$$

4. 各晶面和晶向如图 2-1 所示。

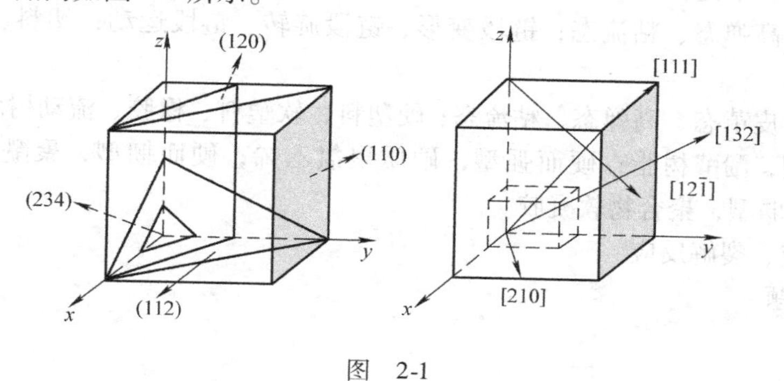

图 2-1

四、高分子材料的结构和性能

（一）名词解释

高分子材料：是指以高分子化合物为主要组分的材料，常称为聚合物或高聚物。

单体：组成聚合物的低分子化合物。

聚合度：链节的重复次数。

链节：大分子链中的重复结构单元。

分子链：聚合物的分子为很长的链条，称为分子链。

加聚反应：是指由一种或多种单体相互加成，或由环状化合物开环相互结合成聚合物的反应。

缩聚反应：是指由一种或多种单体相互缩合生成聚合物，同时析出其他低分子化合物的反应。

均缩聚反应：由一种单体进行的缩聚反应。

共缩聚反应：由两种或两种以上单体进行的缩聚反应。

构型：是指高分子链中原子或原子团在空间的排列方式。

构象：由于链内旋转所引起的原子在空间占据不同位置所构成的分子链的各种现象。

柔顺性：内旋转可以使大分子链卷曲成各种不同形状，对外力有很大的适应性，这种特性称为大分子链的柔顺性。

玻璃态：在较低温度下（$T<T_g$），高聚物处于非晶态，此时整个分子链与链段都被冻结而不能运动，在外力作用下，只发生大分子原子的微量位移，产生少量弹性变形，此阶段称为玻璃态。

高弹态：当温度高于 T_g 时，分子活动能力增强，受力时会产生很大的弹性变形，此阶段称为高弹态。

粘流态：当 $T > T_f$ 时（T_f 为粘流温度），由于温度高，分子活动能力很强，在外力作用下，大分子链可以相对滑动，高聚物成为流动的液体，此时称为粘流态。

老化：高分子材料在长期使用过程中，由于受氧、光、热、机械力、水蒸气及微生物等外因的作用，使性能逐渐退化，直至丧失使用价值的现象称为老化。其实质是高分子材料发生了交联反应或裂解反应，而使其失去或部分丧失原有功能的现象。

（二）填空题

1. 共价键、分子键；大于、共价键。

2. 玻璃态、高弹态、粘流态；链段变形、链段旋转、链段运动；塑料、橡胶、流动树脂。

3. 玻璃态、皮革态、高弹态、粘流态；硬塑料、软塑料、橡胶、流动树脂。

4. 硬而脆型，酚醛树脂；硬而强型，硬质聚氯乙烯；硬而韧型，聚酰胺；软而韧型，橡胶制品；软而弱型，聚合物软凝胶。

5. 交联反应、裂解反应

（三）选择题

1. c

2. c

3. a

4. b、c

5. c、d

6. d

7. c

（四）判断题

1. 错

2. 错

3. 对

4. 错

5. 对

（五）综合题

1. 聚合度是指链节的重复次数。分别乘上各自的单分子相对分子质量。

2. 柔顺性是指在外力作用下，内旋转使大分子链卷曲成各种不同形状的特性。柔顺性与单键内旋转的难易程度有关。

3. 高聚物呈玻璃态的最高温度称为玻璃化温度，用 T_g 表示。它主要与聚合物的弹性有关。用于这种状态的材料有塑料和纤维。

4. 工程高分子材料的优点：高比强度，高弹性，高耐磨性，高绝缘性，高化学稳定性，还有良好的可加工性。缺点：低耐热性、低导热性，这些会导致高分子材料的老化现象，另外，高的热膨胀性也会在实际应用中造成开裂、脱落和疏松。

五、陶瓷材料的结构与性能

（一）名词解释

陶瓷：除了金属和高聚物以外的无机非金属材料统称陶瓷，它是用天然硅酸盐（粘土、长石、石英等）或人工合成化合物（氮化物、氧化物、碳化物、硅化物、硼化物、氟化物等）作为原料，经过粉碎、配制、成型和高温烧结而成的无机非金属材料。

软化温度：加热时玻璃熔体的粘度降低，在大约某个粘度所对应的温度时显著软化，此温度为软化温度。

玻璃相：是指用于填充晶粒间隙、粘接晶粒、提高材料致密度、降低烧结温度和抑制晶粒长大的非晶态相。

气相：在工艺过程中形成并保留下来的气体相。

热稳定性：是指陶瓷在不同温度范围波动时的寿命，一般用急冷到水中不致破裂所能承受的最高温度来表达。

（二）填空题

1. 无机玻璃、微晶玻璃、陶瓷。

2. 将晶体粘连、降低烧结温度、阻止晶体转变、获得一定程度的玻璃特性。

3. 粘土、石英、长石。

4. 刚度、硬度、强度、塑性、韧性或脆性。

（三）选择题

1. d、b、b

2. b、c、a

（四）判断题

1. 对

2. 对

3. 对

4. 对

（五）综合题

1. 玻璃相的作用包括①将晶体粘连，填充空隙以提高致密度；②降低烧结温度，加快烧结过程；③阻止晶体转变，抑制晶体长大；④获得一定程度的玻璃特性。

2. 陶瓷材料具有高熔点、高硬度、高化学稳定性，耐高温、耐氧化、耐腐蚀，密度小、弹性模量大、耐磨损、强度高等特点。功能陶瓷还具有电、光、磁等特殊性能。脆性大是陶瓷材料的最大缺点，是其作为结构材料的主要障碍。

习题二 参考答案

一、名词解释

过冷度：理论结晶温度与实际结晶温度之差 ΔT 称为过冷度。

非自发形核：依附于杂质而生成晶核的过程。

晶粒度：表示晶粒大小的尺度称为晶粒度。

变质处理：又称为孕育处理，是指浇注前有意向液态金属内加入非均匀形核物质从而细化晶粒的方法。

滑移：晶体的一部分沿一定的晶面和晶向相对于另一部分发生滑动位移的现象。

孪晶：在切应力作用下，晶体的一部分沿一定晶面（孪晶面）和晶向（孪晶方向）相对于另一部分产生的镜面对称变形，称为孪晶。

加工硬化：金属经加工变形后，随着变形量的增加，材料的强度、硬度提高，塑性、韧性下降的现象称为加工硬化。

再结晶：冷变形金属在加热时重新由因变形而被拉长的晶粒内部生成化学成分、晶体结构、原子聚集状态完全与变形晶粒相同的细小等轴晶粒的过程称为再结晶。

滑移系：一个滑移面和其上的一个滑移方向构成一个滑移系。

铁素体：碳在 α-Fe 中的间隙固溶体。

珠光体：铁素体与渗碳体的机械混合物。

本质晶粒度：表明奥氏体晶粒长大倾向的晶粒度。

马氏体：碳在 α-Fe 中的过饱和固溶体。

淬透性：钢在淬火时获得淬硬层深度的能力，其大小用规定条件下的淬硬层深度来表示。

淬硬性：钢淬火后所能达到的最高硬度，即硬化能力。

调质处理：淬火加高温回火的热处理称为调质处理，简称调质。

二次硬化：如果钢中含有大量碳化物形成元素，当回火温度足够高时会析出高弥散度的特殊碳化物，使钢的强度、硬度升高。

回火脆性：在某些温度范围内回火时，会出现冲击韧性下降的现象，称为回火脆性。

耐回火性：是指钢在回火时，随着温度的变化其组织与性能是否容易发生改变的状况。

固溶处理：是指将合金加热至高温单相区恒温保持，使过剩相充分溶解，然后快速冷却并得到过饱和固溶体的处理过程。

热硬性：钢在较高温度下仍能保持较高硬度的性能。

电刷镀：利用专用设备在金属表面快速刷镀一层金属镀层的工艺。

热喷涂：是指将热喷涂材料加热至熔化或半熔化状态，用高压气流使其雾化并喷射于工件表面形成涂层的工艺。

CVD：化学气相沉积，是指在一定温度下，混合气体与基体表面物质相互作用而在其表面形成金属或化合物薄膜的方法。

PVD：物理气相沉积，是指在真空条件下，以各种物理方法（蒸发或溅射等）所产生的原子或分子物质沉积在基材上，形成薄膜或涂层的过程。

PCVD：等离子化学气相沉积。

激光相变硬化：即激光淬火，用高能密度的激光束照射工件，使加热区与基体区之间形成自冷淬火，获得超细的隐晶马氏体组织。

离子注入：将某种元素的原子在真空中进行电离，并在高电压的作用下将该物质的离子加速注入到固体材料的表面，以改变材料的物理、化学及力学性能的一种强化新技术。

二、填空题

1. 形核、长大。
2. 作为非均匀形核核心。
3. 体积自由能差，表面能。
4. 理论结晶温度与实际结晶温度的差，ΔT。
5. 细小等轴晶区、柱状晶区、粗大等轴晶区。
6. 冷，热。
7. 位错密度增加。
8. 位错运动。
9. $T_{再} =（0.35 \sim 0.40）T_{熔}$。
10. 加热温度、时间和预先变形程度。
11. 高。
12. 均匀化退火。
13. $L_{液} \xrightleftharpoons{恒温} (\alpha_{固} + \beta_{固})$，一种成分固定的液相在恒温下同时结晶出两种成分固定的固相的反应。
14. 铁素体与渗碳体的机械混合物。
15. 变小。
16. $w_C = 2.11\%$，$w_C = 4.3\%$。
17. $\dfrac{w_C - 0.0218}{0.77 - 0.0218} = 0.8$，$w_C = 0.62\%$
18. 都是铁素体与渗碳体的机械混合物，片层厚度不同。
19. 羽毛，针。
20. 板条状、针状；板条状。
21. 右移，低。
22. 球化渗碳体，共析及过共析。
23. $Ac_3 + 30 \sim 50℃$，$Ac_1 + 30 \sim 50℃$。
24. 消除残留内应力、稳定组织、调整性能，低。
25. 低合金钢、中合金钢、高合金钢，$<5\%$、$5\% \sim 10\%$、$>10\%$。
26. Ti、Zr、Nb、V、W、Mo、Cr、Mn、Fe。

27. Ni、Mn、Co、C、N、Cu。
28. Mn、P。
29. Co、Al；多；下降。
30. Mn、Cr、Ni；回火后快冷、加入合金元素 W、Mo。
31. 负，正。
32. 等离子。

三、判断题

1. 错
2. 错
3. 错
4. 错
5. 对
6. 对
7. 错
8. 错
9. 错
10. 错
11. 错
12. 错
13. 错
14. 错
15. 错
16. 错
17. 错
18. 错
19. 对
20. 对
21. 错
22. 错
23. 对
24. 对
25. 错
26. 错
27. 对
28. 错
29. 错
30. 错
31. 错
32. 错

四、选择题

1. b
2. b
3. b
4. c
5. d
6. a
7. c
8. b
9. b
10. a
11. b
12. b
13. c
14. a
15. c
16. c
17. b
18. c
19. b
20. a
21. b、a′
22. a
23. c
24. c
25. c
26. a

五、综合题

1. 过冷度大于零，动力为自由能差。

2. 形核、长大。

3. 增大过冷度、变质处理、振动、电磁搅拌。

4. 1）前者晶粒小；2）前者晶粒小；3）前者晶粒小；4）前者晶粒小。

5. 两个生长方向不同的柱状晶层相遇处存在低熔点杂质，形成脆弱面，在热轧、锻造时容易开裂。

6. 晶粒小晶界面积大、不同位向的晶粒数目多，位错运动的阻碍大；另一方面，晶粒数目越多，参与滑移的晶粒数目越多，使一定的变形量分散在更多的晶粒之中，这将会减少应力集中，推迟裂纹的形成与扩展，即使发生的塑性变形较大，也不致断裂，表现出塑性的提高；由于细晶粒金属的强度高、塑性好，所以断裂时需要消耗较大的功，因而其韧性也好。

7. 多晶体变形比单晶体复杂，但金属塑性变形方式是相同的，也有滑移与孪生变形，只不过多晶体中存在晶界与不同位向的晶粒，使多晶体的塑性变形更加复杂。一方面，由于各相邻晶粒位向不同，当一个晶粒发生塑性变形时，为了保持金属的连续性，周围的晶粒若不发生塑性变形，则以弹性变形来与之协调，使得多晶体金属的塑性变形抗力提高；另一方面，当位错运动到晶界附近时，受到晶界的阻碍而堆积起来，要使变形继续进行，则必须增加外力，从而使金属的变形抗力提高。另外，多晶体变形不均匀。

8. 组织变化：纤维组织形成、亚结构形成、形变织构产生。

性能变化：产生加工硬化现象；使金属的性能产生各向异性；影响金属的物理及化学性能；产生残留内应力。

9. 各处变形大小不同，因此加工硬化程度不同。

10. $T_{钨}=0.4\times(3380+273)\mathrm{K}=1461\mathrm{K}$、$(1461-273)℃=1188℃$，钨在1100℃加工为冷加工。$T_{铅}=0.4\times(327+273)\mathrm{K}=240\mathrm{K}$，$(240-273)℃=-33℃$，铅在室温下加工为热加工。

11. 金属获得异常粗大的再结晶晶粒的变形度称为临界变形度（变形度为2%～10%）。由于变形量小且不均匀，所以使得金属再结晶后的晶粒参差不齐，再结晶后晶粒异常长大，最终导致再结晶后晶粒异常粗大。

12. 齿轮表面产生极为强烈的塑性变形，进而产生一定厚度的冷作硬化层，称为表面强化层，此强化层会显著提高齿轮的疲劳强度。

13. 固溶强化是指由于晶格内溶入异类原子而使材料强化的现象。强化机理为：溶质原子引起晶格畸变，增加缺陷密度；溶质原子与位错交互作用，使位错处于稳定状态。

14. 间隙固溶体是固溶体的一类，所以间隙固溶体的晶格结构与溶剂原子的晶格结构一致；而间隙相是指溶质原子与溶剂原子半径的比值在0.59以内的间隙化合物，间隙相的结构不同于溶质和溶剂的晶格结构。

15. 剩余液体的质量为

$$\frac{3.5-2.11}{4.3-2.11}\times 10\mathrm{kg}=6.35\mathrm{kg}$$

剩余液体的碳的质量分数为4.3%，已达共晶成分，随后发生共晶反应。

16. 硬度顺序（由高到低）：T12，T8，45钢。

强度顺序（由高到低）：T8，T12，45钢。

塑性顺序（由高到低）：45，T8，T12钢。

17. 看断口或测试硬度。

18. 单一奥氏体区呈面心立方结构，钢的塑性好。

19. Q235：普通碳素结构钢，$w_{\mathrm{C}}=0.14\%\sim0.22\%$，螺钉。

15钢：渗碳钢，$w_{\mathrm{C}}=0.15\%$，活塞销。

45钢：调质钢，$w_{\mathrm{C}}=0.45\%$，机床主轴。

65钢：碳素弹簧钢，$w_{\mathrm{C}}=0.65\%$，弹簧。

T8钢：碳素工具钢，$w_{\mathrm{C}}=0.8\%$，扁铲。

T12钢：碳素工具钢，$w_{\mathrm{C}}=1.2\%$，锉刀。

20. 碳素工具钢（T10）、普通碳素结构钢（Q235）、调质钢（45 钢）

21. 冷变形组织在加热时重新生成细小、等轴且化学成分、晶格类型、原子聚集状态与冷变形金属完全相同的晶粒的过程称为再结晶，再结晶不是相变。重结晶是指固态下金属由一种晶格类型转变为另外一种晶格类型的变化，因此是相变。

22. 热轧空冷的 45 钢在重新加热到临界点以上温度再空冷时，组织细化的原因是加热冷却时有相变。

23. 各组织如图 2-2 ~ 图 2-4 所示。

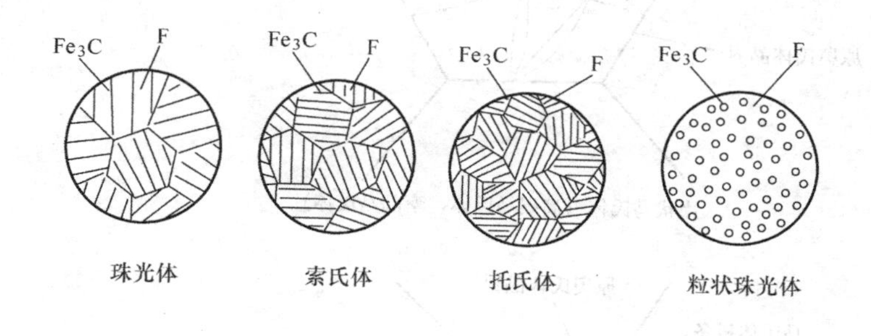

图 2-2　P、S、T、粒状 P 组织示意图

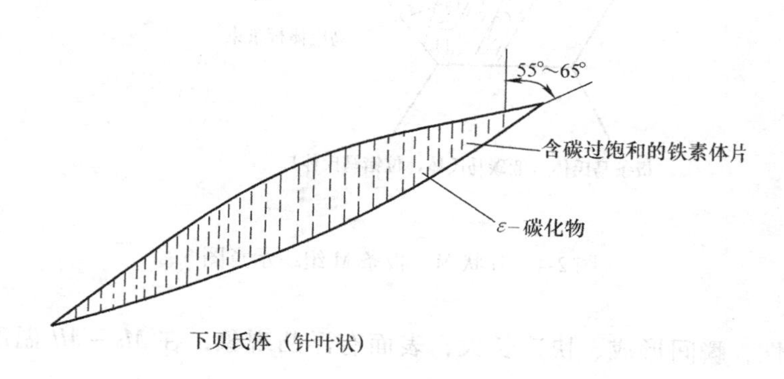

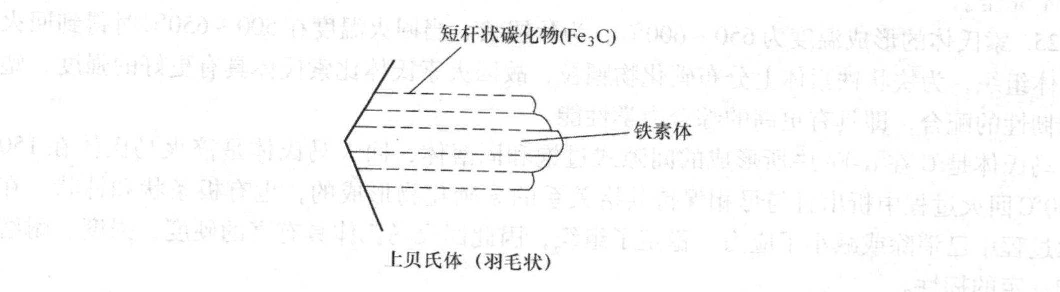

图 2-3　$B_上$、$B_下$ 组织示意图

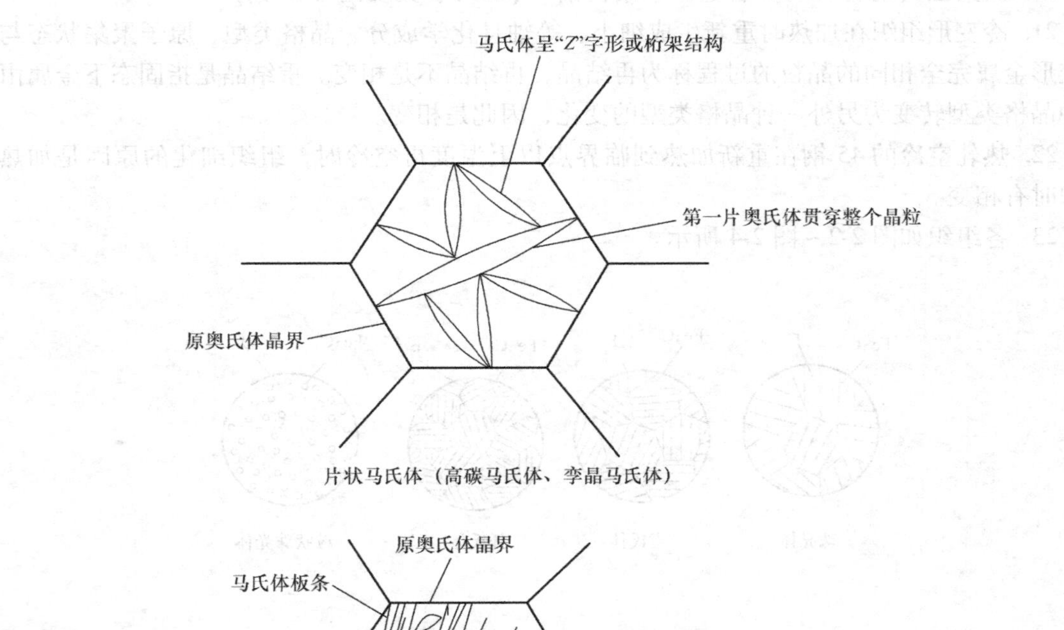

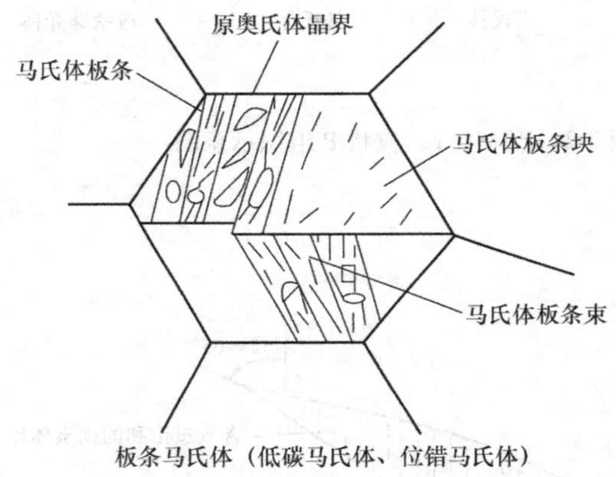

图 2-4　片状 M、板条 M 组织示意图

24. 无扩散性，瞬间形成、快速长大，表面有浮凸现象，在 $Ms \sim Mf$ 温度范围内进行，转变不完全。

25. 索氏体的形成温度为650～600℃，为片层状。当回火温度在500～650℃时得到回火索氏体组织，为块状铁素体上分布碳化物颗粒，故回火索氏体比索氏体具有更好的强度、塑性和韧性的配合，即具有更高的综合力学性能。

马氏体是 C 在 α-Fe 中所形成的间隙式过饱和固溶体，回火马氏体是淬火马氏体在150～250℃回火过程中析出且与母相保持共格关系的 ε 碳化物形成的，也有板条状和针状。在回火过程中已消除或减小了应力，稳定了组织，因此回火马氏体具有高的硬度、强度、耐磨性和一定的韧性。

26. 马氏体的本质：碳在 α-Fe 中的过饱和固溶体。硬度高最主要的原因是碳原子的固溶强化、相变强化及时效强化作用。它的内部亚结构决定了马氏体的脆性。

27. 设原始组织为 $P+Fe_3C$，以不同方法冷却时所得到的组织如图 2-5 所示。

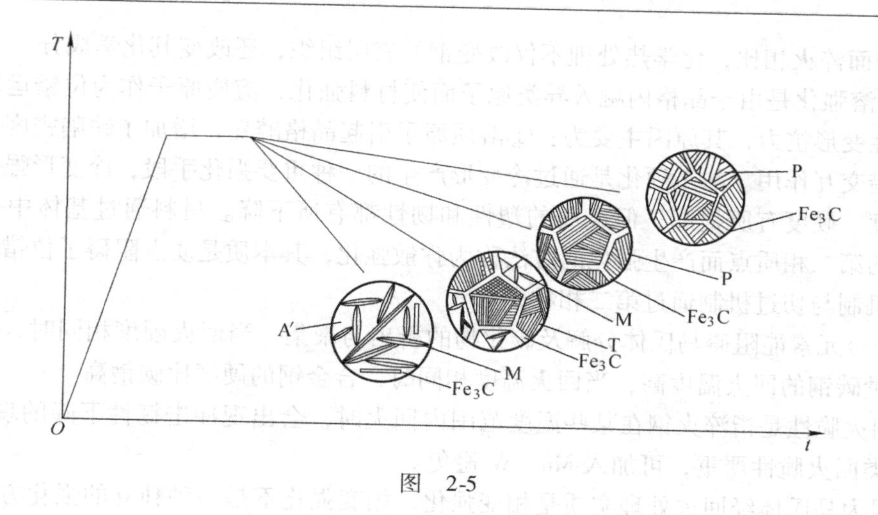

图　2-5

28.

1）再结晶退火，组织为铁素体+珠光体。

2）均匀化退火，组织为二次渗碳体+珠光体。

3）正火+去应力退火，组织为渗碳体+珠光体。

4）球化退火，组织为铁素体基体上分布着颗粒状渗碳体，也称为球状珠光体。

29. 700℃组织为珠光体+少量铁素体；760℃组织为少量铁素体+马氏体+少量残留奥氏体；840℃组织为马氏体+少量残留奥氏体；1100℃组织为粗大马氏体+较多残留奥氏体。

30. 1）900℃；2）900℃；3）900℃；4）900℃；5）780℃，因为加热到900℃时奥氏体晶粒粗大，含碳量高，淬火后马氏体也粗大，且残留奥氏体量增加，这不仅降低钢的硬度、耐磨性和韧性，还会增大变形和开裂的倾向。

31.

1）淬火及回火温度分别为830～840℃、580～640℃，组织为回火索氏体。

2）淬火及回火温度分别为840℃、500℃，组织为回火托氏体。

3）淬火及回火温度分别为780℃、180℃，组织为回火马氏体。

32. 因其直径不同所以得到的组织和性能是不同的，直径小将得到完全的马氏体组织，所以性能上表现出高强度；直径大则心部组织仍为铁素体+珠光体，力学性能低，尤其是冲击韧性更低。

33. 45钢正火后得到的组织为珠光体，调质处理后的组织为回火索氏体，经调质处理后在保证强度的同时又有良好的塑性，但成本增加。

34. $w_C=0.4\%\sim0.5\%$的中碳钢及铸铁是最适于表面淬火的材料，这样的含碳量使零件的综合性能好，既有表面的耐磨性和硬度又不降低心部的塑性和韧性，主要用作齿轮、轴类零件等。渗碳用钢为$w_C=0.10\%\sim0.25\%$的低碳钢，如20、20Cr、20CrMnTi等。由于表面硬度高，主要用于耐磨件，如齿轮、曲轴等。

渗氮钢常用牌号为38CrMoAl。由于氮化件的表面硬度、耐磨性及疲劳强度高，因此用于耐磨性及精度要求高的零件及耐热、耐磨、耐蚀件，如仪表的小轴、轻载齿轮及重要的曲轴等。与表面淬火相比，化学热处理不仅改变钢的表层组织，还改变其化学成分。

35. 固溶强化是由于晶格内融入异类原子而使材料强化，溶质原子作为位错运动的障碍增加了塑性变形抗力，其原因主要为：①溶质原子引起晶格畸变，增加了缺陷密度；②溶质原子与位错交互作用。加工硬化是通过冷变形产生的一种重要强化手段，冷变形强化后虽然金属的强度、硬度有所提高，但金属的塑性和韧性都有所下降。材料通过基体中分布有细小、弥散的第二相质点而产生强化的方法称为弥散强化，其本质是质点阻碍了位错运动，位错以绕过机制与切过机制通过第二相粒子。

36. 合金元素能阻碍马氏体分解及碳化物的析出与聚集。当回火硬度相同时，合金钢比相同含碳量碳钢的回火温度高；当回火温度相同时，合金钢的硬度比碳钢高。

37. 回火脆性是指淬火钢在某些温度范围内回火时，会出现冲击韧性下降的现象。40Cr钢的第二类回火脆性严重，可加入 Mo、W 避免。

38. 因为马氏体经回火处理实质是相变强化，相变强化不是一种独立的强化方式，实际上它是固溶强化、沉淀硬化、形变强化、细晶强化等多种强化效果的综合，所以它是最经济最重要的一种强化途径。

39. 合金元素 Cr 使铁碳相图中的 *S* 点、*E* 点向左上方移的结果。

40. 激光淬火是用高能密度的激光束照射工件，使加热区与基体区之间形成自冷淬火，获得超细的隐晶马氏体组织。其特点是生产率高、硬度高、可作为工件加工的最后工序，有利于防止环境污染，工艺过程易实现自动化，易实现特殊部位的处理。

41. 发动机凸轮轴、空调机阀板。

习题三　参考答案

一、名词解释

合金元素：为了获得所需要的组织结构、物理性能、化学性能和力学性能，在钢中加入一定量的元素，这些元素称为合金元素。

结构钢：用作工程构件与机器零件的钢种。

工程构件用钢：用作工程构件（建筑工程、桥梁工程、船舶工程、车辆工程）的钢种。

普通碳素结构钢：普通质量的结构钢，主要含铁、碳元素（碳的质量分数在0.036～0.380之间、屈服强度小于300MPa）的结构钢。

低合金高强度结构钢：含碳量低（一般$w_C<0.2\%$）、合金元素总的质量分数小于3%、屈服强度大于300MPa的合金结构钢。

机器零件用钢：用于制造机器零件的钢种。

渗碳钢：用于制造外硬里韧的渗碳件（$w_C=0.10\%\sim0.25\%$、用于制造齿轮等）的钢种。

调质钢：综合力学性能较好（$w_C=0.25\%\sim0.50\%$）、进行淬火加高温回火（调质处理）的结构钢。

弹簧钢：用于制造弹簧件（碳素弹簧钢$w_C=0.6\%\sim0.9\%$、合金弹簧钢$w_C=0.45\%\sim0.70\%$），进行淬火加中温回火处理的钢种。

滚动轴承钢：用于制造滚动轴承、$w_C=0.95\%\sim1.10\%$、$w_{Cr}<1.5\%$的钢种。

易切削钢：在钢中加入一种或几种元素，改善其切削加工性能的专用钢。

铸钢：钢材冶炼后直接铸造成形而不需要锻轧成形的钢种。

超高强度钢：工程上将抗拉强度大于1500MPa的钢种称为超高强度钢。

工具钢：用于制造刃具、模具、量具等工具的钢种。

碳素工具钢：$w_C=0.65\%\sim1.35\%$、且用于制造速度较慢的手工工具的铁碳合金。

低合金工具钢：$w_C=0.9\%\sim1.1\%$、合金元素总的质量分数小于5%、用于制造工具的低合金钢种。

高速钢：用于制造高速切削刃具且热硬性很高的钢种。

特殊性能钢：用于制造在特殊工作条件或特殊环境（腐蚀、高温等）下工作的零部件，是具有特殊性能的钢种。

不锈钢：亦称为不锈耐酸钢，是指在自然环境（大气、水蒸气等）或一定工业介质（酸、碱、盐等）中具有高度化学稳定性、能够抵抗腐蚀的一类钢种。

耐热钢：在高温下具有高的热化学稳定性和热强性的特殊钢。

耐磨钢：广义上是指用于制造高耐磨零件及构件的钢种。习惯上是指在强烈冲击和严重磨损条件下发生冲击硬化，因而具有很高耐磨能力的钢，如ZGMn13。

石墨化：铸铁中的碳原子析出形成石墨的过程称为石墨化。

白口铸铁：碳除了少量溶入铁素体外，其余全部以Fe_3C的形式存在于铸铁中，断口呈银白色。

灰口铸铁：碳除了少量溶入铁素体外，其余全部以游离态的形式存在于铸铁中，断口呈灰色。

麻口铸铁：碳除了少量溶入铁素体外，其余一部分以 Fe_3C 的形式存在，另一部分以游离态的石墨形式存在于铸铁中，断口呈黑白相间的颜色。

灰铸铁：石墨呈条形状的灰口铸铁。

球墨铸铁：石墨呈球形的灰口铸铁。

可锻铸铁：石墨呈团絮状的灰口铸铁，是由白口铸铁经石墨化退火获得的。

孕育（变质）处理：在浇注前向铁液中加入少量的硅铁、硅粉等孕育剂，使之得到细片状石墨，叫做孕育处理。

球化处理：浇注前先向铁液中加入能够促使石墨结晶成球状的球化剂。

石墨化退火：使铸铁的渗碳体分解为石墨和铁素体的退火工艺。

变形铝合金：是指熔化后浇注成铸锭，再经压力加工（锻造、轧制、挤压等）制成板材、带材、棒材、管材、线材以及其他各种型材的铝合金。

铸造铝合金：是指熔化后浇注在铸型中，获得成形铸件的铝合金。

时效强化：铝合金经固溶处理后在室温或较高的环境温度下停留，随着时间的延长其强度、硬度升高，塑性、韧性下降的现象。

回归：把经淬火时效的铝合金迅速加热到200～300℃或略高一些的温度，保温2～3min后在清水中冷却，使其恢复到淬火状态，这种工艺叫做回归处理。

黄铜：以锌为主要合金元素的铜合金称为黄铜。

青铜：除了黄铜及白铜以外的铜合金，包括锡青铜、铝青铜、铅青铜、铍青铜等。

白铜：以镍为主要合金元素的铜合金称为白铜。

钛合金：在纯钛中加入合金元素而形成的二元或多元合金。

镁合金：在纯镁中加入合金元素而形成的二元或多元合金。

轴承合金：制造滑动轴承的轴瓦及其内衬的耐磨合金称为轴承合金。

二、选择题

1. d
2. c
3. c
4. a
5. b
6. c
7. c
8. d
9. b
10. b
11. a，d
12. b
13. a

14. b
15. c
16. d
17. d
18. a
19. b
20. c
21. b
22. b
23. c
24. d
25. a
26. a
27. c
28. b
29. c
30. b
31. c
32. d
33. c
34. b
35. a
36. a
37. b、e、d
38. a
39. c
40. a
41. b
42. c

三、判断题

1. 错
2. 错
3. 错
4. 错
5. 错
6. 错
7. 错
8. 对
9. 对

10. 错
11. 对
12. 对
13. 对
14. 错
15. 对
16. 对
17. 对
18. 对
19. 错
20. 错
21. 错
22. 错
23. 错
24. 错
25. 错
26. 对
27. 对
28. 对
29. 对
30. 对
31. 错
32. 对
33. 对
34. 错
35. 错
36. 对
37. 错
38. 错
39. 错
40. 对
41. 错
42. 对
43. 对
44. 对
45. 错
46. 错
47. 对
48. 错

49. 错
50. 错
51. 对
52. 错

四、综合题

1. 钢中的杂质一般是指 Mn、Si、P、S、N、H、O，是由原料带入或脱氧残留的元素。w_{Mn} <0.8%时为杂质，是有益元素，可强化铁素体、消除硫的有害作用。w_{Si} <0.5%时为杂质，是有益元素，可强化铁素体、增加钢液的流动性。S 是有害元素，常以 FeS 形式存在，易与 Fe 在晶界上形成低熔点（985℃）共晶体，热加工时（1150～1200℃）由于其熔化而导致开裂，称为热脆性，钢中硫的质量分数应控制在 0.045%以下。P 也是有害元素，能全部溶入铁素体中，使钢在常温下硬度提高，塑性、韧性急剧下降，称为冷脆性，钢中磷的质量分数一般控制在 0.045%以下。室温下 N 在铁素体中的溶解度很低，钢中的过饱和 N 在常温放置过程中以 FeN、Fe_4N 形式析出，使钢变脆，称为时效脆化。加入 Ti、V、Al 等元素可使 N 固定，消除时效倾向。氧在钢中以氧化物的形式存在，其与基体的结合力弱，不易变形，易成为疲劳裂纹源。常温下氢在钢中的溶解度也很低，当氢在钢中以原子态溶解时会降低韧性，引起氢脆；当氢在缺陷处以分子态析出时会产生很高内压，形成微裂纹，其内壁为白色，称为白点或发裂。

2. 合金钢具有淬透性好，物理性能、化学性能及力学性能高的特点，所以比较重要的大截面结构零件都必须用合金钢制造。

3. 1）溶于铁素体，起固溶强化作用。非碳化物形成元素及过剩的碳化物形成元素都可溶于铁素体中，形成合金铁素体。Si、Mn 对强度、硬度提高显著，Cr、Ni 在适当范围内可提高韧性。2）形成碳化物，起强化相作用合金元素与碳的亲和力从大到小的顺序为：Ti、Zr、Nb、V、W、Mo、Cr、Mn、Fe。Ti、Nb、V 为强碳化物形成元素，碳化物的稳定性及熔点、硬度、耐磨性高，如 TiC、VC 等；W、Mo、Cr 为中碳化物形成元素，碳化物的稳定性及熔点、硬度、耐磨性较高，如 W_2C 等；Mn、Fe 为弱碳化物形成元素，碳化物的稳定性及熔点、硬度、耐磨性较低，如 Fe_3C 等。

4. 合金元素有扩大或缩小 A 相区的作用，碳钢则没有。

5. 1）提高耐回火性。淬火钢在回火过程中抵抗硬度下降的能力称为耐回火性。合金元素能阻碍马氏体分解及碳化物的析出与聚集。2）产生二次硬化。含 W、Mo、Cr、V 等元素的钢淬火后回火时，由于析出细小弥散的特殊碳化物及回火冷却时 A′转变为 $M_{回}$，使硬度不仅不下降、反而升高的现象称为二次硬化。3）防止第二类回火脆性。加入 W、Mo 可防止第二类回火脆性。

6. 我国有丰富的金属资源，如 Mn、Ti、W、Mg 等，而贫乏的元素有 Al、Cr、Ni、Cu 等。为了考虑合金的性价比，尽量在满足要求的前提下采用丰富廉价的元素。能强化结构钢的元素有固溶元素 Ni、Mn、Cr，细晶强化和弥散强化的 V、Ti、Nb、Al 等，以及为了提高冲击韧性而加入的稀土元素，提高耐蚀性可以加入 Cu、Ti、Ni、Mo、Cr、Mn、Si 等。但是从我国资源的拥有情况，一般用 Mn 替代 Ni、Cr 进行固溶强化，充分利用我国丰富的 Mn 资源，减少对战略物资 Ni 的使用。同时弥散强化和细晶强化元素也尽量用 Ti、V，减少 Mo、Nb 等稀有元素的用量，降低成本。对于耐腐蚀的要求，尽量用 Si、Mn，减少 Ni、Cr、Cu

的使用。

7. 低合金高强度结构钢要求具有高的强度及足够的韧性、良好的焊接性能、良好的耐蚀性及低的韧脆转变温度。Mn 的作用是强化铁素体、增加珠光体量，尤其是在提高强度方面效果明显，并且资源丰富。

8. 渗碳钢的合金化特点是：①低碳（$w_C = 0.10\% \sim 0.25\%$）；②合金元素的添加可提高淬透性（Cr、Mn、Ni、B）、强化铁素体（Cr、Mn、Ni）、细化晶粒（W、Mo、Ti、V）。渗碳件的加工工艺路线为：下料→锻造→正火→机加工→渗碳→淬火+低温回火。正火的目的是消除锻造应力、调整硬度，便于切削加工；渗碳的目的是增加表面含碳量，使之经淬火后表面具有高硬度；淬火+低温回火的目的是使表面具有高硬度、高耐磨性，心部具有较高的冲击韧性。

调质钢的合金化特点是：①中碳（$w_C = 0.3\% \sim 0.5\%$）；②合金元素的添加可提高淬透性（Mn、Si、Cr、Ni、B）、强化铁素体（Mn、Si、Cr、Ni）、细化晶粒（Ti、V）、防止第二类回火脆性（W、Mo）。调质件的加工工艺路线为：下料→锻造→退火→粗加工→调质→精加工→装配。退火的目的是消除锻造应力、调整硬度、改善切削加工性能；调质的目的是获得良好的综合力学性能。

9. Si 的作用是提高淬透性和耐回火性、强化铁素体、提高弹性极限、提高屈强比。中温回火的目的是为了得到回火托氏体，使之具有高的弹性极限、高的疲劳极限、高的屈强比。热处理后应进行喷丸处理，使表面产生压应力。

10. Cr 的主要作用是提高淬透性，还可提高耐磨性（形成合金渗碳体）和耐蚀性，提高耐回火性。因为非金属夹杂物会对接触疲劳强度影响很大，为了保证轴承的使用寿命、提高接触疲劳强度，必须严格限制非金属夹杂物。

11. 1）除了 Ni、Mn、Co、C、N、Cu 等扩大 γ 相区的元素外，大多数合金元素与铁相互作用均能缩小 γ 相区，使 A_4 下降、A_3 上升，因此使钢的淬火加热温度高于碳钢。

2）钢在淬火后回火时的组织转变主要是马氏体和残留奥氏体的分解及碳化物的形成、析出和聚集，以及 α 回复与再结晶的过程，这几个过程均是依靠元素之间的扩散来进行的。由于合金元素的扩散速度慢，且又阻碍碳原子扩散，从而使马氏体的分解及碳化物的析出和聚集速度减慢，将这些转变推迟到更高的温度，导致合金钢的硬度随回火温度的升高而下降的速度比碳钢慢，即合金钢具有高的耐回火性。

3）从合金元素对铁碳相图的影响可知，由于合金元素均使相图中的 S 点和 E 点左移，使共析点和奥氏体的最大溶碳量相应地减小，因此，$w_{Cr} = 12\%$、$w_C \geq 0.4\%$ 的合金钢为过共析钢；$w_C = 1\%$、$w_{Cr} = 12\%$ 时为莱氏体钢。

4）由于高速钢中含有大量合金元素，使其等温转变曲线大大右移，钢的淬透性大大提高，因此在空气中冷却即可得到马氏体组织。

5）由于合金钢的淬透性好，淬火临界冷却速度低，因此可以采用较缓和的冷却介质淬火，故合金钢不易变形与开裂。

6）为了避免第二类回火脆性。

7）为了提高 W18Cr4V 钢的热硬性，要求淬火马氏体中合金化程度高，即淬火加热奥氏体化时碳化物能充分溶解进入到奥氏体中，温度应是越高越好，但过高又会导致奥氏体晶粒粗大，且晶界处易熔化过烧，所以实际淬火温度为 1280℃。三次回火的目的是为了消除残留奥氏体，W18Cr4V淬火后有20%~25%残留奥氏体，一次回火后剩10%~15%残留奥氏体，二次回火后剩3%~5%残留奥氏体，三次回火后剩1%~2%的残留奥氏体。

12. 不能，因为为了提高钢的热硬性，要求淬火马氏体中合金化程度高，即淬火加热奥氏体化时碳化物能充分溶解进入到奥氏体中，温度应是越高越好，但过高又会导致奥氏体晶粒粗大，且晶界处易熔化过烧，实际淬火温度为1280℃。三次回火的目的是为了消除残留奥氏体。

13. 因为得到了硬脆组织，故难以切削加工。将正火改为退火可提高切削加工性能。

14. 低温淬火使奥氏体晶粒细小，淬火后马氏体组织细小、过饱和程度低，使用寿命长。

15. Cr12型钢属于莱氏体钢，碳化物含量较多，经过充分锻造后可改善碳化物分布的不均匀性并使之细小，使寿命提高。

16. 固溶处理的目的是使碳化物充分溶解并在常温下保留在奥氏体中，从而在常温下获得单相奥氏体组织，使钢具有最高的耐蚀性能。稳定化处理是为了防止含钛和铌的奥氏体不锈钢在焊接或固溶处理时，由于TiC和NbC减少而导致耐晶间腐蚀性能降低。需将这种不锈钢加热到一定温度后（该温度使铬的碳化物完全溶于奥氏体，而TiC和NbC只部分溶解）再缓冷，在冷却过程中，使钢中的碳充分地与钛和铌化合，析出稳定的TiC和NbC，而不析出铬的碳化物，从而消除奥氏体不锈钢的晶间腐蚀倾向。

17. 20CrMnTi中Ti的作用是细化晶粒、提高耐磨性。06Cr18Ni11Ti中Ti的作用是防止晶间腐蚀。

18. Cr在40Cr中可提高淬透性；在GCr15中可提高淬透性、耐磨性、耐蚀性；在CrWMn中可提高淬透性、耐回火性和耐磨性；在12Cr13中可提高耐蚀性；在06Cr18Ni11Ti中可提高耐蚀性。

19. 1）淬透性取决于钢的化学成分（合金元素种类与数量）、等温转变曲线位置、奥氏体化状态等因素。综合考虑淬透性由高到低为：20CrMnTi，40Cr，T8，65。

淬硬性只取决于马氏体的含碳量。综合考虑淬硬性由高到低为：T8，65，40Cr，20CrMnTi。

2）20CrMnTi用于表面要求具有高硬度、高耐磨，心部具有较高冲击韧性的耐磨件，如柴油机的活塞销、凸轮轴等。热处理工艺：下料→锻造→正火→机加工→渗碳→淬火+低温回火；最终组织：心部为$M_{回}$+F、表层为$M_{回}$+颗粒状碳化物+A′（少量）。

65钢用于制造弹簧或类似性能零件，其热处理工艺为：热成形→淬火+中温回火。使用状态下的组织为$T_{回}$

T8钢用于制造冲头、木工工具、压缩空气工具等。热处理工艺：淬火+低温回火。最终组织为回火马氏体+粒状渗碳体+少量残留奥氏体

40Cr用于制造轴类、连杆、螺栓和重要齿轮。热处理工艺：调质处理（淬火+高温回火）。最终组织为回火索氏体。

20. 机床主轴采用45钢或40Cr制造，热处理工艺包括退火、调质、轴颈部分表面淬火+低温回火处理，轴颈表面为回火马氏体及少量残留奥氏体，心部为回火索氏体。轴颈表面具有高硬度、高耐磨性，整体具有既强又韧的综合力学性能；

拖拉机后桥齿轮采用20CrMnTi制造，热处理工艺包括正火、渗碳、预冷淬火+低温回

火，表面为高碳回火马氏体加碳化物颗粒加少量残留奥氏体，心部淬透时为低碳回火马氏体加铁素体。表面具有高硬度、高耐磨性，心部具有较高的冲击韧性。

铰刀采用9SiCr制造，热处理工艺包括球化退火、淬火+低温回火，组织为高碳回火马氏体加碳化物颗粒加少量残留奥氏体，具有高硬度、高耐磨性。

汽车板簧采用60Si2Mn制造，热处理工艺包括退火、淬火+中温回火，组织为托氏体，具有高的弹性极限、高的疲劳极限和一定的塑韧性。

21. 热硬性是指钢在较高温度下仍能保持较高硬度的性能。W18Cr4V出现二次硬化的原因是在550~570℃范围内钨及钒的碳化物（WC、VC）呈细小分散状从马氏体中沉淀析出，产生了弥散硬化作用（弥散强化）。同时，在此温度范围内，一部分碳及合金元素从残留奥氏体中析出，从而降低了残留奥氏体中碳及合金元素含量，提高了马氏体转变温度。随后回火冷却时，就会有部分残留奥氏体转变为马氏体，使钢的硬度得到提高（二次淬火）。由于以上原因，在回火时便出现了硬度回升的二次硬化现象。二次硬化发生在550~570℃。

22. 铸态组织：共晶莱氏体，共晶组织中有粗大的鱼骨状碳化物；退火组织：索氏体+均匀分布的碳化物颗粒；淬火组织：淬火马氏体+未溶碳化物+大量残留奥氏体；回火组织：回火马氏体+少量碳化物+未溶碳化物。

23. 性能要求具有高的硬度和耐磨性、足够的强度和韧性、良好的工艺性能（淬透性、切削加工性等）。

Cr12MoV的成分特点是：①高碳（$w_C=1.4\%\sim2.3\%$），以便形成足够的碳化物来保证高的耐磨性；②高铬（$w_{Cr}=12\%$），Cr可提高淬透性和耐回火性，并配合高碳形成大量铬的碳化物分布在马氏体上，提高耐磨性；③Mo、V可提高耐磨性、细化晶粒。由于该钢具有高碳、高合金及淬透性高的特点，因此，尺寸较大、重负荷的、要求高耐磨的冷冲模具大都选用Cr12MoV。

24. 量具在多次使用过程中会与工件表面之间产生摩擦，使量具磨损而失去精确度。另外，由于组织和应力上的原因，也会引起量具在长期使用过程中精度的变化。应选择的热处理工艺为淬火+低温回火，这样才能保证高硬度和高耐磨性。为了保证精度、尺寸稳定性及其在使用过程中不发生马氏体转变，通常需要有三个附加的热处理工序：淬火之前的调质处理、常规淬火之后的冷处理、常规热处理后的时效处理。

25. 化学腐蚀是指金属在非电解质中的腐蚀。电化学腐蚀是指金属在电解质溶液中的腐蚀，是有电流参与作用的腐蚀。

防止电化学腐蚀的措施包括：①获得均匀的单相组织；② 提高合金的电极电位；③使表面形成致密的钝化膜。

26. 不锈钢的含碳量为$w_C=0.08\%\sim0.95\%$，主加元素为Cr、Cr-Ni，辅加元素为Ti、Nb、Mo、Cu、Mn、N。在不锈钢中碳的变化范围很大，从耐蚀方面考虑，含碳量越低越好，而从力学性能方面考虑含碳量越高越好。Cr是提高耐蚀性的主要元素，它可形成稳定致密的Cr_2O_3氧化膜，$w_{Cr}>13\%$时可形成单相铁素体组织，还可提高基体电极电位（$n/8$规律）。Ni可获得单相奥氏体组织，Mo可耐有机酸腐蚀，Ti、Nb可防止奥氏体钢的晶间腐蚀。

Cr12MoV不是不锈钢。

27. 奥氏体不锈钢的淬火与普通钢的淬火是不同的，前者是软化处理，后者是淬硬（形成马氏体）。

28. 铸铁中的碳原子析出形成石墨的过程称为石墨化，其形成过程受合金元素及冷却条件的影响。铸铁中的石墨可以在结晶过程中直接析出，也可以由渗碳体加热时分解得到。碳和硅是强烈促进石墨化的元素。铸件冷却缓慢有利于碳原子的充分扩散，结晶将按 Fe-G 相图进行，因而促进石墨化。石墨化分为两个阶段：在 P′S′K′线以上发生的石墨化称为第一阶段石墨化，包括结晶时一次石墨、二次石墨、共晶石墨的析出和加热时一次渗碳体、二次渗碳体及共晶渗碳体的分解；在 P′S′K′线以下发生的石墨化称为第二阶段石墨化，包括冷却时共析石墨的析出和加热时共析渗碳体的分解。石墨化程度不同，所得到的铸铁类型和组织也不同。

29. 片状石墨（灰铸铁）会割断金属基体的连续性，减少承载面积。石墨本身可看成是一条条裂纹，在外力作用下裂纹尖端将导致应力集中，形成断裂源。所以，灰铸铁的抗拉强度、塑性、韧性和疲劳强度都比钢低得多。

团絮状石墨（可锻铸铁）对基体的割裂作用大大减弱，使强度、硬度、塑性和韧性较灰铸铁都有明显提高。

球状石墨（球墨铸铁）具有与一般铸铁相似的优良铸造工艺性能、切削加工性能、耐磨性和消振性，由于石墨呈球状，对基体的割裂作用小很多，使其强度和塑性有了很大的提高，可以进行各种强化处理，其屈服强度与抗拉强度的比值约为钢的两倍。

蠕虫状石墨（蠕墨铸铁）是介于片状与球状之间的一种过渡型石墨。蠕墨铸铁具有优良的抗热疲劳性能及导热性能，此外，其铸造性能、减振性能也优于球墨铸铁。

30. 白口铸铁中的碳除了少量溶于铁素体外，其余全部都以渗碳体形式存在于铸铁中，这类铸铁组织中存在共晶莱氏体，组织硬而脆，难以切削加工。灰铸铁中的碳除了少量溶于铁素体外，其余全部都以石墨形式存在于铸铁中。灰铸铁的组织是由液态铁经缓慢冷却通过石墨化过程形成的，其基体组织有铁素体、珠光体和铁素体加珠光体三种。灰铸铁的强度只有碳钢的30%～50%，用于制造承受压力和振动的零件，如机床床身、各种箱体、壳体、泵体、缸体。碳钢是指碳的质量分数在0.0218%～2.11%范围内的铁碳合金，除了含有铁和碳外还有少量的锰、硅、硫、磷等杂质。与上两种铸铁相比，碳钢具有较好的综合力学性能，即在有一定强度、硬度的同时还保持较好的韧性。

31. 灰铸铁的铸造性能好，价格低廉，减摩、减振，耐磨性能好，具有低的缺口敏感性和优良的切削加工性能。

32. 1）在500～650℃去应力退火。

2）在850～950℃进行消除白口组织、改善切削加工性能的退火。

33. 1）HT150、HT400 表示灰铸铁，最低抗拉强度值分别为150MPa 和400MPa，用于制造承受压力和振动的零件，如机床床身、各种箱体、壳体、泵体、缸体。

2）KTH350-10 表示黑心可锻铸铁，其最低抗拉强度值为350MPa，最低伸长率为10%；KTZ700-2 表示珠光体可锻铸铁，其最低抗拉强度值为700MPa，最低伸长率为2%。用于制造形状复杂且承受振动载荷的薄壁小型件，如汽车及拖拉机的前后轮壳、管接头、低压阀门等。

3）QT450-10 表示球墨铸铁，其最低抗拉强度值为450MPa，最低伸长率为10%，用作承受振动、载荷大的零件，如曲轴、传动齿轮等。

34. 有色金属及其合金一部分经铸造成形，不进行热处理；一部分经形变成形，有的不进行热处理，即使进行热处理，有的热处理后并不马上强化或硬化，要通过时效才能强化或硬化（例如铝）。而大多数钢要经过热处理（例如淬火）强化或硬化，而且热处理后立刻强化或硬化。

35. 铝合金中所加元素在固态铝中的溶解度一般是有限的，且与铝所形成的相图大都具有二元共晶相图的特点。加入合金元素是为了加强固溶强化、时效强化或形成强化相以进行细晶强化。主加元素为 Si、Cu、Mg、Mn 等，辅加元素为 Ti、B、RE 等。

36. 铝合金既具有高强度又保持纯铝的优良特性，且密度低、导电导热性好，耐蚀性、焊接性能好，易于变形加工，强度、硬度高，加工性能好，所以在工业上得到广泛应用。

37. 在普通铸造条件下，ZL102 组织几乎全部为共晶体，由粗针状的硅晶体和 α 固溶体组成，强度和塑性都较差。生产上通常用钠盐变质剂进行变质处理，得到细小均匀的共晶体加一次 α 固溶体组织，以提高性能。

38. 不能。因为铝合金在加热及冷却过程中 α 相得不到细化。

39. 单相黄铜的塑性好，适于制造冷变形零件，如弹壳、冷凝器管等。两相黄铜的热塑性好，强度高，适于制造受力件，如垫圈、弹簧、导管、散热器等。特殊黄铜的强度、耐蚀性比普通黄铜好，铸造性能得到改善，主要用作船舶及化工零件，如冷凝管、齿轮、螺旋桨、轴承、衬套及阀体等。锡青铜的铸造流动性差，铸件密度低，易渗漏，但其体积收缩率在有色金属中最小，它的耐蚀性良好，在大气、海水及无机盐溶液中的耐蚀性比纯铜和黄铜好，但在硫酸、盐酸和氨水中的耐蚀性较差，主要用作耐蚀承载件，如弹簧、轴承、齿轮轴、蜗轮、垫圈等。特殊白铜是在普通白铜的基础上添加 Zn、Mn、Al 等元素形成的，其耐蚀性好、强度和塑性高，成本低，用于制造精密机械、仪表零件及医疗器械等。

40. 锡青铜是以锡为主加元素的铜合金，亦称为巴氏合金。锡含量一般为 $w_{Sn}=3\%\sim14\%$。锡的含量过高组织中会出现大量的 δ 相，使合金变脆，强度也急剧下降。

41. 因为会发生电化学腐蚀。降低含锌量以获得均匀的单相组织可改善其耐蚀性。

42. 2A12 为硬铝合金，用于制造冲压件、模锻件和铆接件，如梁、铆钉等。

ZALSi12 为铸造铝合金，用于制造飞机及风机叶片、发动机活塞等。

H62 为普通黄铜，用于制造垫圈、弹簧、导管、散热器等。

ZSnSb11Cu6 为锡青铜，主要用作耐蚀承载件，如弹簧、轴承、齿轮轴、蜗轮、垫圈等。

QBe2 为铍青铜，用于制造精密弹簧、膜片，高速高压轴承等。

43. TC4

44. 镁及镁合金具有以下特点：

1）质量轻，镁及镁合金是世界上实际应用中质量最轻的金属结构材料，其密度是铝的 2/3、钢铁的 1/4。

2）比强度和比刚度高，镁的比强度和比刚度均优于钢和铝合金。

3）弹性模量小、刚度好、抗振能力强、长期使用不易变形。

4）对环境无污染、可回收性好、符合环保要求。

5）抗电磁干扰及屏蔽性好。

6）色泽鲜艳美观，并能长期保持完好如新。

7）具有极高的压铸生产率、尺寸收缩小，且具有优良的脱模性能。

习题四 参考答案

一、名词解释

塑料：塑料是在玻璃态下使用的高分子材料。

增塑剂：用于提高树脂的可塑性和柔软性的物质。

稳定剂：用于防止塑料老化，延长其使用寿命的物质。

固化剂：用于使热固性树脂由线型结构转变为体型结构的物质。

润滑剂：用于防止塑料加工时粘在模具上，使制品光亮的物质。

热固性塑料：是指在树脂中加入固化剂压制成型而形成的体型聚合物。

热塑性塑料：是指在树脂中加入少量稳定剂、润滑剂、增塑剂而形成的线型或支链型结构的聚合物。

通用塑料：是指产量大、用途广、价格低廉的一类塑料，主要包括聚烯烃类塑料、酚醛塑料和氨基塑料。

工程塑料：作为结构材料在机械设备和工程结构中使用的塑料。

特种塑料：用于特定场合及具有某些特殊性能的塑料。

注射成型：利用专用设备，将粉状或颗粒状的塑料置于注射机的机筒内加热熔融，然后注射成型的方法。

浇注成型：类似于金属的浇注成型，将液态树脂浇入模具型腔中，在常压或低压下固化或冷却凝固成型。

挤压成型：将原料放在加压筒内加热软化，利用加压筒中螺旋杆的挤压力，使塑料通过不同型孔或口模连续挤出成型的方法。

聚酰胺：聚酰胺（PA）又称为尼龙或锦纶，是一种热塑性材料，它的强度较高，耐磨及自润滑性好，广泛用作机械、化工及电气零件。

聚甲醛：以线型结晶高聚物为基的塑料。

聚砜：以透明微黄色的线型非晶态高聚物聚砜树脂为基的塑料。

ABS：以丙烯腈 A、丁二烯 B、苯乙烯 S 的三元共聚物 ABS 树脂为基的塑料。

酚醛树脂：由苯酚和甲醛在催化剂条件下缩聚，经中和、水洗而制成的树脂。

橡胶：以高分子化合物为基础的、具有显著高弹性的材料。

合成纤维：以石油、煤、天然气为原料制成的、保持长度比本身直径大 100 倍的均匀条状或丝状的、具有一定柔韧性的高分子材料。

胶粘剂：是指通过粘附作用，使同质或异质材料紧密地结合在一起，并在胶接面上具有一定强度的物质。

涂料：即油漆，是一种有机高分子胶体的混合溶液。

二、填空题

1. 通用塑料、工程塑料、特种塑料。

2. 硬而脆型，酚醛树脂；硬而强型，硬质聚氯乙烯；硬而韧型，聚酰胺；软而韧型，橡胶制品；软而弱型，聚合物软凝胶。

3. 聚酰胺（PA）、聚甲醛（POM）、聚砜（PSF）、聚碳酸酯（PC）、ABS塑料、聚四氟乙烯（PTFE）、聚甲基丙烯酸甲酯（PMMA）。酚醛塑料、环氧塑料（EP）。

4. 老化。

三、选择题

1. b，c，a，d

2. a

四、判断题

1. 错

2. 错

3. 对

4. 错

5. 错

五、综合题

1. 高分子材料在长期储存和使用过程中，由于受氧、光、热、机械力、水蒸气及微生物等外因的作用，使性能逐渐退化，直至丧失使用价值的现象称为老化，其实质是高分子材料发生了交联或裂解反应。防止老化的措施有改变高聚物结构、添加防老剂及表面处理。

2. 常用工程塑料分为热塑性塑料和热固性塑料。常用热塑性塑料包括：①聚酰胺（PA），又称为尼龙或锦纶，强度较高，耐磨及自润滑性好，广泛用作机械、化工及电气零件；②聚甲醛（POM），具有优良的综合性能，广泛用于汽车、机床、化工、电气仪表、农机等行业；③聚砜（PSF），热稳定性高是其最突出的特点，使用温度为150～174℃，用于机械设备等行业；④聚碳酸酯（PC），具有优良的力学性能，透明无毒，应用广泛；⑤ABS塑料，坚韧、质硬、刚性，应用广泛；⑥聚四氟乙烯（PTFE、特氟隆），俗称“塑料王”，具有极优越的化学稳定性和热稳定性以及优越的电性能，几乎不受任何化学药品的腐蚀，摩擦因数极低，缺点是强度低、加工性差，主要用作减摩密封件、化工耐蚀件以及高频或潮湿条件下的绝缘材料；⑦聚甲基丙烯酸甲酯（PMMA、有机玻璃），它是目前最好的透明材料，透光率达到92%以上，比普通玻璃好。常用热固性塑料包括：①酚醛塑料，以酚醛树脂为基，加入填料及其他添加剂制成，广泛用于制作各种电信器材和电木制品（如插座、开关等）、耐热绝缘部件及各种结构件；②环氧塑料（EP），它是以环氧树脂为基，加入各种添加剂经固化处理形成的热固性塑料。

3. 因为塑料的散热性差、弹性大，易老化，加工整件塑料制品时容易引起工件变形、表面粗糙，有时可能出现开裂、分层，甚至崩落或伴随发热等。

4. 刚性差、强度低、耐热性差、膨胀系数大、有老化现象等。

5. 橡胶在较小的外力作用下即产生较大的变形，且当外力去掉后又能很快恢复到近似原来的状态，其宏观弹性变形可达100%～1000%。同时，橡胶具有优良的伸缩性和可贵的积储能量的能力，因此有良好的减振性和耐磨性、绝缘性、隔声性和阻尼性，所以可以用作减振制品。

6. 尼龙，因为尼龙具有较高的强度和冲击韧性、良好的耐磨性和耐热性，另外还有较高的绝缘性和化学稳定性，以及易成型、机械加工性好等优点。

7. 合成纤维的种类包括：①涤纶，又叫的确良，是很好的衣料纤维；②尼龙，又叫锦纶；③腈纶，有人造羊毛之称；④维纶，原料易得，成本低；⑤丙纶，其纤维以轻、牢、耐磨著称；⑥氯纶，难燃、保暖、耐晒、耐磨，弹性好，但热收缩大，限制了它的应用。

胶粘剂的种类包括：①环氧胶粘剂，其基料主要使用环氧树脂；②改性酚醛胶粘剂，常加入其他树脂改性后使用；③聚氨酯胶粘剂，通常作非结构胶使用；④α-氰基丙烯酸酯胶，又称为“瞬干胶”；⑤厌氧胶；⑥无机胶粘剂，在高温条件下使用。

习题五　参考答案

一、名词解释

陶瓷：是指除了金属和高聚物以外的无机非金属材料，它是以天然硅酸盐（粘土、长石、石英等）或人工合成化合物（氮化物、氧化物、碳化物、硅化物、硼化物、氟化物等）为原料，经过粉碎、配制、成型和高温烧结而成的无机非金属材料。

金属陶瓷：是指以金属氧化物或金属碳化物为主要成分，再加入适量的金属粉末，通过粉末冶金方法制成，具有金属某些性质的陶瓷。

特种陶瓷：用于特定场合及具有某些特殊性能的陶瓷，包括氧化铝陶瓷、氧化锆陶瓷、氧化镁陶瓷、氧化铍陶瓷、氧化钍陶瓷。

刚玉陶瓷：以 Al_2O_3 为主要原料，以刚玉 α-Al_2O_3 为主要矿物质的陶瓷。

氮化硅陶瓷：以氮化硅 Si_3N_4 为主要成分的陶瓷。

硬质合金：是金属陶瓷的一种，是指以金属氧化物或碳化物为基体，再加入适量金属粉末作粘结剂而制成的具有金属性质的粉末冶金材料。

二、填空题

1. 普通陶瓷、特种陶瓷，日用陶瓷、工业陶瓷，高强度陶瓷、高温陶瓷、耐酸陶瓷。
2. 坯料制备、成型、烧结。
3. 粘土、长石、石英。
4. 氧化物、碳化物、氮化物、硼化物，离子键、共价键
5. 钨钴钛类硬质合金；66%碳化钨、30%碳化钛和4%钴；切削刀具、量具、耐磨零件等。

三、选择题

1. e，a、d，c
2. f，b、c、d、e、g
3. c，a，b

四、判断题

1. 对
2. 错
3. 对
4. 对

五、综合题

1. 传统陶瓷是指用粘土（$Al_2O_3 \cdot 2SiO_2 \cdot 2H_2O$）、长石（$K_2O \cdot Al_2O_3 \cdot 6SiO_2$，$Na_2O \cdot Al_2O_3 \cdot 6SiO_2$）和石英（$SiO_2$）为原料，经成型、烧结而成的陶瓷。其组织中主晶相为莫来石（$3Al_2O_3 \cdot 2SiO_2$），占25%～30%，玻璃相占35%～60%，气相占1%～3%。特种陶瓷是采用纯度高的人工合成物（Al_2O_3、SiC、ZrO_2、Si_3N_4、BN），经配料、成型、烧结而制得的，纯净度高。

2. 晶相、玻璃相和气相（气孔）。晶相是陶瓷材料中主要的组成相，决定陶瓷材料物理和化学性质。玻璃相的作用是充填晶粒间隙、粘接晶粒、提高材料致密度、降低烧结温度和抑制晶粒长大。气相是在材料加工制备过程中形成并保留下来的。

3. 陶瓷材料有以下两种类型：

（1）普通陶瓷　普通陶瓷的加工成型性好，成本低，产量大，除了日用陶瓷、瓷器外，大量用于电器、化工、建筑、纺织等工业部门。

（2）特种陶瓷　氧化铝陶瓷的耐高温性能好，可使用到1950℃，具有良好的电绝缘性及耐磨性。微晶刚玉的硬度极高（仅次于金刚石）；部分稳定氧化锆的热导率低，绝热性好，热膨胀系数大，接近于发动机中使用的金属，弯曲强度与断裂韧性高，除了在常温下使用外，已成为绝热柴油机的主要候选材料，如发动机气缸内衬、推杆、活塞帽、阀座、凸轮、轴承等；氧化镁/钙陶瓷通常是用热白云石矿石除去CO_2制成的；氧化铍陶瓷除了具有一般陶瓷的性能特点外，最大的特点是导热性好；氧化钍/铀陶瓷是一类具有放射性的陶瓷。氮化硼陶瓷的主晶相是BN，属于共价键晶体，其晶体结构与石墨相仿，为六方晶格，故有白石墨之称，此类陶瓷具有良好的导热性和耐热性，热膨胀系数小，绝缘性好，化学稳定性高，有自润性。碳化硅陶瓷用于制造火箭喷嘴、浇注金属的喉管、热电偶套管、炉管、燃气轮机叶片及轴承、泵的密封圈、拉丝成形模具等。碳化物陶瓷的硬度极高，抗磨粒磨损能力很强，熔点高达2450℃左右，但在高温下会氧化，其使用温度限定在900℃以下，主要用途是制作磨料。其他碳化物陶瓷如碳化铈、碳化钼、碳化铌、碳化钨等的熔点和硬度都很高，通常用作高温材料。最常见的硼化物陶瓷包括硼化铬、硼化钼、硼化钛、硼化钨等，其特点是硬度高、耐蚀性好。

4. 硬质合金（金属陶瓷）的硬度高、耐磨性好、热硬性、压缩强度及弹性模量高，此外，硬质合金还有良好的耐蚀性和抗氧化性，热膨胀系数比钢低。弯曲强度低、脆性大、导热性差是硬质合金的主要缺点。①钨钴类硬质合金由碳化钨和钴组成；②钨钴钛类硬质合金由碳化钨、碳化钛和钴组成；③通用硬质合金是在成分中添加TaC或NbC来取代部分TiC。硬质合金有着广泛的应用，可作切削刀具、冷作模具、量具、耐磨零件等。

5. 钢结硬质合金是以一种或几种碳化物（WC、TiC）作为硬化相，以合金钢粉末作为粘结剂，经配料、压型、烧结而成。它具有与钢一样的可加工能力，可以锻造、焊接和热处理，用作刃具、模具及耐磨零件。脆性大、韧性低、难以加工成型是制约工程结构陶瓷发展及应用的主要原因。

习题六 参 考 答 案

一、名词解释

复合材料：由两种或两种以上化学性质或组织结构不同的材料通过不同的工艺方法人工合成的多相材料。

纤维复合材料：是指以各种金属和非金属作为基体，以各种纤维作为增强材料的复合材料。

断裂安全性：是指纤维复合材料构件由于超载或其他原因使少数纤维断裂时，载荷会重新分配到其他未破断的纤维上，因而构件不致在短期内突然断裂的能力。

比刚度：材料的刚度除以密度，又叫比模量。

比强度：材料的强度除以密度。

偶联剂：是指能够在特定条件下产生活性基团，并与粘接界面两侧的粘接物发生化学结合，从而增加界面结合强度的一类化合物。

玻璃钢：又名玻璃纤维增强塑料，是指一种以合成树脂为粘结剂、玻璃纤维为增强材料的复合材料，由于它的强度可与普通钢材媲美，故称为玻璃钢。

二、填空题

1. 木纤维、胶粘剂，石墨、基体。

2. 玻璃纤维、碳纤维、硼纤维、碳化硅纤维、Kevlar有机纤维。

3. 长，细。

4. 玻璃纤维、树脂。

三、选择题

1. b

2. a，c

3. a，b，c

四、判断题

1. 对

2. 对

3. 对

4. 对

5. 错

五、综合题

1. 按基体材料可分为非金属基复合材料和金属基复合材料；按增强材料可分为纤维增强复合材料、粒子增强复合材料和叠层复合材料。

2. 粒子增强复合材料按照颗粒尺寸大小和数量多少可分为弥散强化复合材料和颗粒增强复合材料。弥散强化复合材料的增强机制是使粒子高度弥散地分布在基体中，以便阻碍导致塑性变形的位错运动（金属基体）和分子链运动（聚合物基体）；颗粒增强复合材料的增强机制是用金属或高分子聚合物作为粘结剂，把具有耐热性好、硬度高但不耐冲击的金属氧化物、碳化物、氮化物粘接在一起而形成的材料。在纤维增强复合材料中，纤维是材料的主要承载组分，其增强效果主要取决于纤维的特征、纤维与基体间的结合强度、纤维的体积分数及尺寸和分布。

3. 复合材料的生产成本高，纤维与基体的润湿问题、纤维复合材料性能具有方向性的问题影响了它的广泛应用。采用纳米技术可进一步提高其性能，扩大使用范围。

4. ①玻璃纤维：用量最大、价格最便宜；②碳纤维：化学性能与碳相似；③硼纤维：耐高温，强度及弹性模量高；④碳化硅纤维：高熔点、高硬度；⑤Kevlar 有机纤维：用作高温、高强复合材料。

习题七 参考答案

一、名词解释

功能材料：是指具有特殊的电、磁、光、热、声、力、化学性能和生物性能及其转化的功能，用以实现对信息和能量的感受、计测、显示控制和以转化为主要目的的非结构性高新材料。

超导体：是指具有超导电现象的物体。

超弹性：在应力作用下，合金应变很大，出现应力-应变平台，这部分应变是通过相变得到的，在应力撤去之后合金形状恢复，这种性能称为超弹性。

形状记忆效应：材料在高温下形成一定形状后，冷却到低温进行塑性变形成为另外一种形状，然后经加热后通过马氏体逆相变，即可恢复到高温时的形状，这种效应即为形状记忆效应。

超导转变温度：是指电阻突变为零的温度。

纳米材料：是指晶粒尺寸在100nm以下的材料。

小尺寸效应：随着颗粒尺寸的量变，在一定条件下会引起颗粒的质变，由颗粒尺寸变小所引起的宏观物理性质的变化称为小尺寸效应。

生物材料：是指用来达到特定的生物或生理功能的材料。

二、填空题

1. 恒弹性合金、高弹性合金。
2. 低膨胀材料、定膨胀材料、高膨胀材料。
3. 精密电阻材料、膜电阻材料、热电阻材料。
4. 导电性、抗磁性。
5. 塑性变形、马氏体相变。

三、选择题

1. b
2. b
3. a
4. d

四、判断题

1. 对
2. 对
3. 对
4. 错
5. 错

五、综合题

1. 高弹性合金具有高的弹性极限、低的弹性模量、高的弹性极限与弹性模量比值、高的疲劳极限。高弹性合金可分为钢基、铜合金基、镍基和钴基合金。

2. 特点：-70～500℃内膨胀系数低或中等，且基本稳定。用途：电子管、晶体管和集成电路中的引线材料、结构材料，小型电子装置与器械的微型电池壳，半导体元器件支持电极。

3. 电阻材料是指利用物质固有的电阻特性来制造不同功能元件的材料，主要用作电阻元件、敏感元件和发热元件。

4. 超导体是指具有超导电现象的物体。超导体的临界温度是指电阻突变为零的温度。超导体用作超导电缆、超导变压器等，还用于磁流体发电、磁悬浮列车、核磁共振装置、发动机等装置中。

5. 形状记忆合金是指在高温下将合金形成一定形状后，冷却到低温进行塑性变形成为另外一种形状，然后经加热后通过马氏体逆相变，即可恢复到高温时的形状的合金。形状记忆高聚物为热收缩材料，没有相变发生。

6. 表面效应、小尺寸效应、量子尺寸效应、纳米固体材料的力学性能、特殊的光学性质、特殊的磁性、特殊的热学性质。

7. 在材料的微观结构设计方面，将从显微构造层次向分子、原子及电子层次发展。将有机、无机和金属三大类材料在原子、分子水平上混合成所谓“杂化”材料，以探索合成材料的新途径；运用新技术、新思维开发新材料，进行半导体超晶格材料的设计；选定目标，组织多学科力量联合设计某种新材料。

习题八 参 考 答 案

一、名词解释

失效：零件在使用过程中由于某种原因而丧失原设计功能的现象。

蠕变：在应力不变的情况下，变形量随时间的延长而增加的现象。

疲劳：在变动应力作用下，零件所承受的应力虽然低于其屈服强度，但经过较长时间的工作会产生裂纹或突然断裂，这种现象称为疲劳。

强化：使材料具有更高的强度的方法。

强韧化：使材料具有更高强度的同时具有足够韧性的方法。

二、填空题

1. 找出失效的主要原因，改进措施。

2. 过量弹性变形失效、过量塑性变形失效、蠕变变形失效。

3. 韧性断裂失效、低温脆性断裂失效、疲劳断裂失效、蠕变断裂失效、环境破断失效。

4. 磨损失效、腐蚀失效、表面疲劳失效。

5. 调查研究；残骸收集和分析；试验分析研究；综合分析、作出结论、写出报告。

6. 无损检测、断口分析、化学成分分析、金相分析、力学性能分析、其他试验方法。

7. 题目、任务来源、分析的目的和要求、试验过程及结果、分析结论、补救和预防措施或建议。

8. 固溶强化、冷变形强化（加工硬化）、细晶强化（晶界强化）、第二相强化、相变强化、纤维增强复合强化。

9. 细化晶粒、调整化学成分、形变热处理、低碳马氏体强韧化、下贝氏体强韧化、表面强化。

三、判断题

1. 对

2. 错

3. 对

4. 错

5. 对

6. 对

四、综合题

1. 奥氏体形变使位错密度增加，一方面由于动态回复形成稳定的亚结构，淬火后得到细小的马氏体，板条马氏体数量增加，板条内位错密度升高，使马氏体强化；另一方面为碳化物弥散析出提供条件，获得弥散强化效果。

2. 欲使第二相起到强化作用，应使第二相成片层状，最好是粒状分布，因为粒状第二相对基体相的连续性破坏小，应力集中不明显。同理，第二相颗粒越小、分布越弥散，对基体的强化效果越好。

3. 相变强化不是一种独立的强化方式，实际上它是固溶强化、沉淀硬化、形变强化、细晶强化等多种强化效果的综合。

4. 晶粒细化后，杂质元素偏聚浓度降低，此外，适当数量的细小铁素体可以大大减轻应力集中，阻止裂纹扩展；脆性杂质元素P、Sb、Sn等引起第二类回火脆性的元素经亚温淬火后富集在α相中，γ相中含量减少，可降低钢的回火脆化倾向。

5. 晶界的作用：①阻碍位错运动；②是位错聚集的地点。晶粒越细小，晶界面积越大，阻碍位错运动的障碍越多，位错密度也越大、越聚集，从而导致强度升高。细晶强化不但可以提高强度，还可改善塑性和韧性。因为晶界多可减少晶界处的应力集中，且晶粒越细，符合滑移条件的晶粒数目越多。

习题九 参考答案

一、名词解释

使用性能：零件在使用状态下应具有的力学性能、物理性能和化学性能。

工艺性能：是指零件在实际加工过程中，为了保证加工的顺利进行而应具备的性能。

二、填空题

1. 零件结构设计、材料选用、工艺设计、经济指标。
2. 使用性原则、工艺性原则、经济性原则。
3. 材料的价格、零件的总成本、国家的资源。
4. 简单、好、导热性。
5. 简单、几乎不能。
6. 复杂、变化，成形，最终性能。
7. 生产、使用。寿命、质量、加工费用、研究费用、维修费用、材料价格。
8. 45，整体淬火；40Cr、整体淬火及表面淬火；20Cr，渗碳淬火。
9. 调质钢；45、40Cr；40MnB、40CrNi、40CrMnMo。
10. 45、调质；40Cr、15MnVB、调质。

三、简要回答题

1. 工作时的受力情况如下

1）由于传递转矩，齿根处承受较大的交变弯曲应力。

2）齿面相互滑动和滚动，承受较大的接触力，并发生强烈的摩擦。

3）由于换挡、起动或啮合不良，齿部承受一定的冲击。

主要失效形式如下：

1）疲劳断裂。主要发生在齿根，它是齿轮最严重的失效形式。

2）齿面磨损。

3）齿面接触疲劳破坏。

4）过载断裂。

对齿轮用材的性能要求如下：

1）高的弯曲疲劳强度。

2）高的接触疲劳强度和耐磨性。

3）齿轮心部要有足够的强度和韧性。

2. 一般轴的工作条件如下：

1）传递一定的转矩，承受一定的交变弯矩和拉、压载荷。

2）轴颈处承受较大的摩擦。

3）承受一定的冲击载荷。

主要失效形式如下：

1）疲劳断裂。由于长期受扭转和弯曲交变载荷作用。

2）断裂失效。由于大载荷或冲击载荷作用。

3）磨损失效。由于轴颈或花键处过度磨损。

对轴类零件用材的性能要求如下：

1）良好的综合力学性能。

2）高的疲劳强度。

3）良好的耐磨性。

3. 工作条件如下：

1）弹簧在外力作用下压缩、拉伸或扭转时，材料将承受弯曲应力或扭转应力。

2）起缓冲、减振或复原作用的弹簧，承受交变应力和冲击载荷的作用。

3）某些弹簧受到腐蚀介质和高温的作用。

主要失效形式如下：

1）塑性变形。

2）疲劳断裂。

3）快速脆性断裂。

4）在腐蚀性介质中使用的弹簧易产生应力腐蚀断裂失效；在高温下使用的弹簧易出现蠕变和应力松弛，产生永久变形。

对弹簧类零件用材的性能要求如下：

1）高的弹性极限和屈强比。

2）高的疲劳强度。

3）好的材质和表面质量。

4）某些弹簧需要良好的耐蚀性和耐热性。

四、选择题

1. 选材、最终
2. 合金球墨铸铁、球墨铸铁、45 钢、38CrMoAl
3. 正火；渗碳、淬火及低温回火
4. 退火；调质；消除应力；渗氮
5. 弹性，屈强，疲劳
6. 60Si2Mn；淬火 + 中温回火，疲劳强度
7. 20Cr；渗碳、淬火 + 低温回火
8. 中碳钢；淬火；调质；塑料

五、综合题

1. 尺寸大的工件淬透层浅且淬不透，故热处理后力学性能低，应选择淬透性好的钢种

2. 失效原因为由过度磨损所致的磨损失效。可改用 40Cr 制造，进行调质及表面淬火 + 低温回火处理。

3. 失效原因是由于 T10 钢的热硬性差，可换成 9SiCr 进行淬火 + 低温回火处理。

4. 应选用 38CrMoAl，加工路线为：

锻造→退火→粗加工→调质→精加工→消除应力退火→粗磨→氮化→精磨。

5. 应选用 20CrMnTi，加工路线为：下料→锻造→正火→切削加工→渗碳、淬火 + 低温回火→喷丸→磨削加工。

第三部分　课堂讨论

讨论一　铁碳相图

一、讨论目的

1. 熟悉铁碳相图，进一步明确相图中各重要点及线的意义，各相区存在的相，以及各相的本质。

2. 综合运用二元相图的基本知识，对典型铁碳合金的结晶过程进行分析，进一步掌握相图分析方法，弄清相和组织的概念，灵活运用杠杆定律求出组成相或组织组成物的质量分数。

3. 弄清各种典型铁碳合金的室温平衡组织的特征，掌握铁碳合金的成分、组织与性能三者之间的关系。

4. 了解铁碳相图的应用。

二、讨论题

1. 默画出铁碳相图，标明 *C*、*S*、*B*、*E* 及 *F* 点的成分及 *ECF* 和 *PSK* 线的温度，标明各相区。

2. 画出纯铁的冷却曲线，并说明它的同素异构转变。

3. 说明铁碳合金中各相的本质，指出 α-Fe 与 α 相、γ-Fe 与 γ 相的区别。

4. 写出相图中在 *C*、*S* 两点进行相变的反应式，指出各是什么反应，说明其相变特点；说出 *ECF*、*PSK*、*ES* 及 *GS* 各线的意义。

5. 用冷却曲线表示碳的质量分数为 0.6%、3% 的铁碳合金的结晶过程，画出室温平衡组织示意图（标明各组织组成物），计算各组成相和组织组成物的质量分数。

6. 什么是相？什么是组织？什么是组织组成物？相和组织有什么关系？下面所列哪些是相？哪些是组织？哪些是组织组成物：F，P，L′d，A，F + P，Fe_3C_{II}，L′d + Fe_3C_I，Fe_3C。

7. 画出各种典型铁碳合金的室温平衡组织示意图，标明各组织组成物，并说出各组织特征。

8. 分析铁碳合金中五种渗碳体的不同形态和分布对合金性能的影响，总结铁碳合金的成分、组织、性能三者之间的关系。

三、方法指导

1. 课前学生可对 1、3、4 及 5 题写出详细发言提纲，作为重点讨论内容。其余各题只作一般准备，是否讨论由教师根据讨论进展情况决定。

2. 教师应对学生的发言提纲进行检查。

3. 讨论开始时，可先由学生在黑板上默画出铁碳相图，其他同学修改补充，然后逐题进行讨论，采取自由发言的形式。学生也可自己提出一些问题进行分析讨论，最后由教师或同学进行总结。

4. 第 7、8 两题可不进行讨论或只由教师作些简单说明，留待实验一“铁碳合金平衡组织观察与分析”中进行。

5. 本次讨论后学生应交 1、3、4 及 5 四道题修改补充后的发言提纲，教师进行批阅，其余各题学生可自己作适当总结。

讨论二　钢的热处理

一、讨论目的

1. 理解钢在加热时的组织转变规律。

2. 掌握利用钢的奥氏体等温转变图分析过冷奥氏体转变产物的方法。

3. 熟悉常用的热处理工艺及其应用。

4. 分析某一典型零件的热处理工艺，使学生进一步理解成分、工艺、组织与性能之间的关系。

二、讨论内容

1. 以共析钢为例讨论钢在加热时的奥氏体转变，了解奥氏体转变的四个阶段，进而讨论亚共析钢和过共析钢奥氏体转变与共析钢的区别。区分三种奥氏体晶粒度概念，了解热处理加热时希望获得什么样的晶粒，如何在工艺上加以保证。

2. 以共析钢为例，结合奥氏体等温转变图分析过冷奥氏体在不同温度等温转变的产物，说明其转变温度、相组成物、形貌特征及性能特点。

3. 讨论影响过冷奥氏体等温转变图的因素，进而了解奥氏体等温转变图的几种类型，了解奥氏体等温转变图和连续冷却转变图的区别。以某钢的奥氏体连续冷却转变图为例，讨论不同冷却方式对钢室温组织和性能的影响。

4. 讨论常规热处理工艺（退火、正火、淬火及回火）参数的制订原则，以及常规热处理工艺之间的区别和适用范围。

5. 了解钢的表面淬火、渗碳、渗氮的基本原理，讨论钢经过这几种处理后零件表层和心部的组织和性能。

三、讨论题

1. 珠光体是如何向奥氏体转变的？亚共析钢和过共析钢在热处理加热时希望获得什么样的组织，为什么？什么是奥氏体的起始晶粒度、本质晶粒度和实际晶粒度？简述其主要的影响因素。奥氏体晶粒大小对钢的室温组织和性能有何影响？

2. 钢的奥氏体等温转变图和连续冷却转变图说明哪些问题之间的关系？有何区别与联系？哪些因素影响钢的奥氏体等温转变图的位置和形状？钢的奥氏体等温转变图对钢热处理工艺的制订有何作用？

3. 什么是退火和正火？各有何特点？工艺参数如何确定？主要应用在哪些方面？

4. 什么是淬火和回火？淬火后为什么一定要回火？什么是钢的淬透性？淬透性与淬硬层深度之间有何联系和区别？为什么分级淬火和等温淬火只适用于截面尺寸较小的零件？

5. 马氏体与回火马氏体、索氏体和回火索氏体的组织和性能有何区别？淬火钢回火时其组织和性能是如何变化的？

6. 什么是第一类及第二类回火脆性？哪些钢易于出现第二类回火脆性？在热处理工艺上如何有效地防止它的发生？

7. 一根 ϕ6mm 的 45 钢圆棒，先经 840℃加热淬火，硬度为 55HRC，然后从一端加热，依靠热传导使圆棒各点达到如图 3-1 所示的温度，试问：

1）图中所示 $A\sim E$ 点的组织是什么？

2）整个圆棒自图 3-1 所示各温度缓冷至室温后各点的组织是什么？

3）若在水中冷至室温后各点的组织是什么？

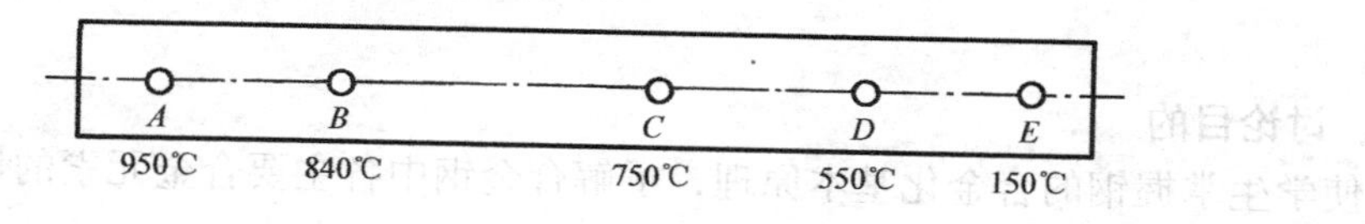

图 3-1　圆棒

8. 某机床主轴箱齿轮要求具有一定的强度和韧性，齿表面要求耐磨，硬度需达到 45～50HRC。现选用 45 钢，其工艺路线如下：锻造毛坯→退火→机加工→高频淬火→低温回火→磨齿。

试分析每道热处理工艺的作用及工艺参数（加热温度和冷却介质），说明组织性能的变化。

如选用 20 钢制作齿轮，试写出其大致的工艺路线，并说明热处理工艺的作用及主要工艺参数。

四、方法指导

提前几天把讨论题目发给同学，并把学生分为几组。讨论课上指定每小组就某一问题派学生代表作全班发言，其他同学补充，最后教师对讨论内容，尤其是讨论时学生暴露出的问题进行总结和解答。对课堂上来不及讨论的题目，可布置为作业。

讨论三 工业用钢

一、讨论目的

1. 使学生掌握钢的合金化基本原理，了解合金钢中各主要合金元素的作用。

2. 了解工业用钢的分类及编号方法。

3. 通过对典型钢种的分析，熟悉各类钢的成分特点、热处理工艺、使用状态组织、性能特点及应用范围，为选材打下基础。

二、讨论题

1. 工业用钢的分类及编号

1）工业用钢按用途可分为哪几类？各类钢都包括什么钢种？

2）总结各类钢的编号方法。

3）列表分析下列牌号的种类、含碳量、各合金元素的含量及作用、热处理特点、使用状态的组织、性能特点及应用举例。

20Cr2Ni4WA，CrWMn，GCr15，5CrNiMo，Cr12，12Cr13，06Cr18Ni11Ti，W18Cr4V，60Si2Mn，40CrNiMo

2. 在机器零件用钢的选用中，有人提出“淬透性原则”，即认为对于一般常用机器零件用钢，只要满足了淬透性要求就可以选用或互相代用，这种论点你同意吗？试分析说明。

3. 某工厂生产一种柴油机凸轮，其表面要求具有高硬度（>50HRC），而零件心部要求具有良好的韧性（a_K >50J/cm^2）。本来是采用45钢经调质处理后再在凸轮表面进行高频淬火，最后进行低温回火，现因工厂库存的45钢已用完，只剩下15钢，试讨论以下几个问题：

1）原用45钢各热处理工序的目的。

2）改用15钢后，仍按45钢的工艺路线进行处理能否满足性能要求？为什么？

3）改用15钢后，应采用怎样的热处理工艺才能满足上述性能要求？为什么？

三、方法指导

1. 讨论前每个学生要充分复习教材中的相关内容，并弄清讨论的目的、方法和要求，然后写出详细的发言提纲。

2. 讨论时，每个题目先请一个同学发言，其他同学补充，最后由老师总结。

3. 课后就第2题写出总结报告（列成表格），交教师审阅。

讨论四　材料的选择和使用

合理选材、正确用材是本课程的根本任务之一，事实上，选材和用材的讨论是建立在整个课程的基础之上的，是一种整体性的综合练习。然而，选材又是一项比较复杂的技术性工作，在实际工作中要做到合理、正确地选材，除了应掌握必要的理论知识外，还应具有较丰富的实际工作经验，要善于全面考虑各方面问题，从而做出综合判断。应当说明，本次课堂讨论只能算是一次课堂上的初步演练。

一、讨论目的

1. 熟悉选材的基本原则及一般过程。

2. 掌握常用零件的选材分析步骤，做到正确和合理地选定材料，并合理安排加工工艺路线。

3. 了解各类工程材料的大致使用范围，初步学会查阅材料手册和相关热处理手册。

二、讨论题

1. 比较金属材料、高分子材料、陶瓷材料以及复合材料的性能特点，指出它们的主要应用范围。

2. 为下列零件从括号中选择合适的制造材料，说明理由，并指出应采用的热处理方法。

汽车板簧（45，60Si2Mn，2A01）

机床床身（Q235，T10A，HT150）

受冲击载荷的齿轮（40MnB，20CrMnTi，KTZ550-04）

桥梁构件（Q345，40，30Cr13）

滑动轴承（GCr9，ZSnSb11Cu6，耐磨铸铁）

热作模具（陶瓷材料，Cr12MoV，5CrNiMo）

高速切削刀具（W6Mo5Cr4V2，T8，YG15）

曲轴（9SiCr，Cr12MoV，QT700-2）

轻载小齿轮（20Cr2Ni4A，纤维酚醛树脂，复合材料，尼龙66）

发动机气门（40Cr，4Cr9Si2，陶瓷材料）

螺栓（35，H62，T12A）

3. 汽车半轴是传递转矩的典型轴件，工作应力较大，且承受一定的冲击载荷，其结构和主要尺寸如图3-2所示。对它的性能要求是：屈服强度 $R_{eL} \geqslant 600\text{MPa}$，疲劳强度 $\sigma_{-1} \geqslant 300\text{MPa}$，硬度30～35HRC，冲击韧度 $a_K = 60 \sim 80\text{kJ/m}^2$。试选择合理的材料和热处理工艺，并制订相应的加工工艺路线。

4. 某机床齿轮选用45钢制造，其加工工艺路线如下：下料→锻造→正火→机加工→调质→精加工→高频淬火→低温回火→精磨。试分析其中各热处理工序的作用以及这样安排各工序的原因。

三、方法指导

1. 课堂讨论前最好组织一次现场参观，以便对讨论题中所涉及零件的工作位置、所起的作用等有一个全面、概括的了解，然后即可有的放矢地具体分析零件的工作条件，如受力情况、工作介质及工作温度等。

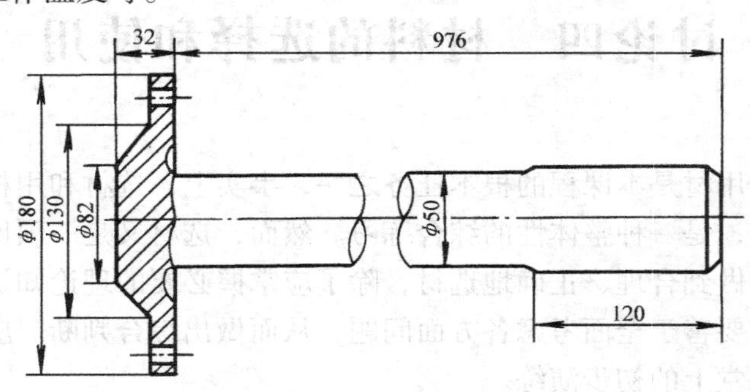

图 3-2　汽车半轴简图

2. 每个学生根据课程中所学的选材原则和其他有关资料对讨论内容进行准备，写出发言提纲。有条件的学生可去工厂做一些调查研究，了解选材的实际问题，这样可对课堂讨论帮助更大。

3. 每个讨论题目可先由一位学生主要发言，其他同学补充、修改，然后由教师总结。

需要加以说明的是，对选材、用材而言，合理的答案往往不是唯一的，而各种实际情况千变万化，可能更增加了问题的复杂性和多样性。然而，通过对各种方案的对比和讨论，可使学生较深入地理解和体会选材的基本方法，初步具备合理选材的能力。

第四部分　实　　验

实验一　金相显微镜的使用及金相试样的制备

一、实验目的

1. 了解金相显微镜的光学原理与结构。
2. 初步掌握金相显微镜的使用方法。
3. 熟悉金相样品的制备过程。

二、概述

（一）金相显微镜的使用

1. 金相显微镜概述

金相显微镜是对金属材料进行金相组织分析的必要工具，它可以用于研究金属组织与其成分和性能之间的关系；确定各种金属经不同加工及热处理后的显微组织，确定晶粒尺寸以及鉴别金属材料组织中非金属夹杂物的数量及分布情况等。普通光学金相显微镜的种类有很多，按外形可分为台式、立式及卧式三大类；按用途可分为偏光显微镜、干涉显微镜、低温显微镜、高温显微镜等。

2. 金相显微镜的成像原理

图4-1所示为金相显微镜的光学放大原理示意图，靠近物体的一组透镜为物镜，靠近人眼的一组透镜为目镜，AB 置于物镜的一倍焦距 f_1 以外时，在物镜的另一侧两倍焦距以外形成一个倒立并放大的实像 $A'B'$（中间像）；当实像 $A'B'$ 位于目镜焦距以内时，目镜又使映像 $A'B'$ 放大，得到 $A'B'$ 的正立虚像 $A''B''$，最后的映像 $A''B''$ 的放大倍数是物镜与目镜放大倍数的乘积。

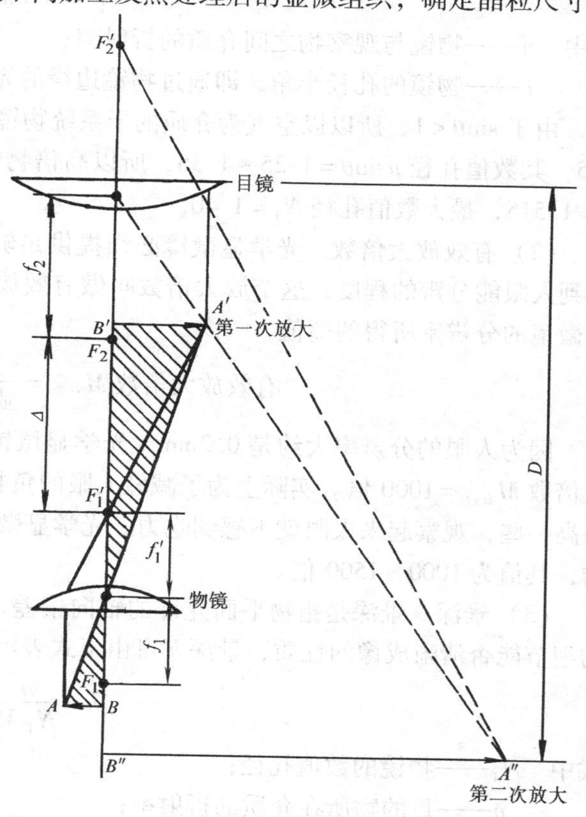

图4-1　金相显微镜的光学放大原理示意图

显微镜的放大倍数 M 用下式计算

$$M = M_{物} M_{目} \approx \frac{\Delta}{f_1} \frac{D}{f_2}$$

式中　$M_{物}$——物镜的放大倍数；

$M_目$——目镜的放大倍数；

f_1——物镜的焦距；

f_2——目镜的焦距；

Δ——显微镜的光学镜筒长（即物镜后焦点与目镜前焦点之间的距离）；

D——人眼明视距离，约为250mm。

3. 金相显微镜的主要性能参数

（1）分辨率及数值孔径　显微镜分辨率通常用可以分辨出相邻两个物点的最小距离 d 来衡量，d 越小，分辨率越高，可用下式表示

$$d = \frac{\lambda}{2N_A}$$

式中　λ——照明入射光的波长；

N_A——物镜的数值孔径，表征物镜的聚光能力。

上式说明，显微镜的分辨率与照明光源波长成反比、与透镜数值孔径成正比，即入射光的波长越短，分辨率越高。光源的波长可通过加滤色片来改变。蓝光的波长为0.44μm，黄、绿光的波长为0.55μm，前者比后者的分辨率高25%左右，所以，使用黄、绿、蓝等滤色片，可提高显微镜的分辨率。

数值孔径 N_A 越大，分辨能力越高。数值孔径用下式计算

$$N_A = n\sin\theta$$

式中　n——物镜与观察物之间介质的折射率；

θ——物镜的孔径半角，即通过物镜边缘的光线与物镜轴线之间的夹角。

由于 $\sin\theta<1$，所以以空气为介质的干系统物镜 $N_A<1$。在物方介质为油的情况下，$n\approx 1.5$，其数值孔径 $n\sin\theta = 1.25 \sim 1.35$，所以高倍物镜常设计为油镜。常用松柏油作为介质，$n = 1.515$，最大数值孔径 $N_A = 1.40$。

（2）有效放大倍数　光学显微镜必须提供足够的放大倍数，把它能分辨的最小距离放大到人眼能分辨的程度，这个放大倍数叫做有效放大倍数 $M_{有效}$，它等于人眼的分辨率除以显微镜的分辨率所得的商值

$$有效放大倍数\ M_{有效} = \frac{人眼的分辨率}{显微镜的分辨率}$$

因为人眼的分辨率大约是0.2mm，光学显微镜的分辨率极限为0.2μm，相应的有效放大倍数 $M_{有效}=1000$ 倍。实际上为了减轻人眼的负担，所选用的放大倍数应比有效放大倍数略高一些，观察起来人眼就不感到吃力。光学显微镜的最高放大倍数就是根据上述原则确定的，其值为1000～1500倍。

（3）景深　景深是指物平面允许的轴向偏差，它是表征物镜对位于不同平面上的目的物细节能否清晰成像的性质，景深 h 可由下式表示

$$h = \frac{n}{N_A M}$$

式中　N_A——物镜的数值孔径；

n——目的物所在介质的折射率；

M——显微镜的放大倍数。

由上式可知，如果要求景深较大，最好选用数值孔径小的物镜，但这会降低显微镜的分辨率，工作时要根据具体情况取舍。

4. 显微镜的构造

金相显微镜由光学系统、照明系统和机械系统三部分组成。另外，有一些显微镜还配有照相装置等附件。

图 4-2 所示为国产 XJB—1 型小型台式金相显微镜的光学系统示意图。由灯泡 1 发生的光线经过聚光透镜组 2 及反光镜 8 会聚在孔径光阑 9 上，然后经过聚光透镜组 3，穿过半反射镜 4 后经辅助透镜 5 再度将光线会聚在物镜组 6 的后方焦平面上。最后，光线通过物镜，使试样 7 表面得到充分而均匀的照明，从试样 7 反射回来的光线复经物镜 6、辅助透镜 5、半反射镜 4、辅助透镜 11 及棱镜 12 和 13 形成一个物体的倒立的放大实像，此像经过目镜 15 进一步放大，即得到试样 7 表面的放大像。

XJB—1 型金相显微镜的外形结构如图 4-3 所示，照明源为安装在底座内的低压钨丝灯泡（6～8V），光路中装有两个光阑，即孔径光阑和视场光阑。孔径光阑安装在照明反射镜底座上，刻有表示孔径大小的毫米数，其作用是控制入射光束的大小，缩小孔径光阑可以减小像差，加大景深和衬度，但会使物镜的分辨能力降低。视场光阑安装在物镜支架下面，通过旋转滚花套圈来调节视场光阑大小，从而提高映像衬度而不影响物镜的分辨能力。

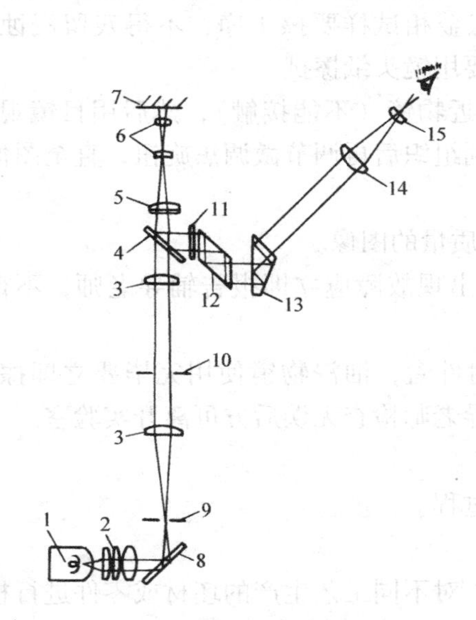

图 4-2　XJB—1 型金相显微镜光学系统示意图
1—灯泡　2、3—聚光透镜组　4—半反射镜　5、11—辅助透镜　6—物镜组　7—试样　8—反光镜　9—孔径光阑　10—视场光阑　12、13—棱镜　14—场镜　15—目镜

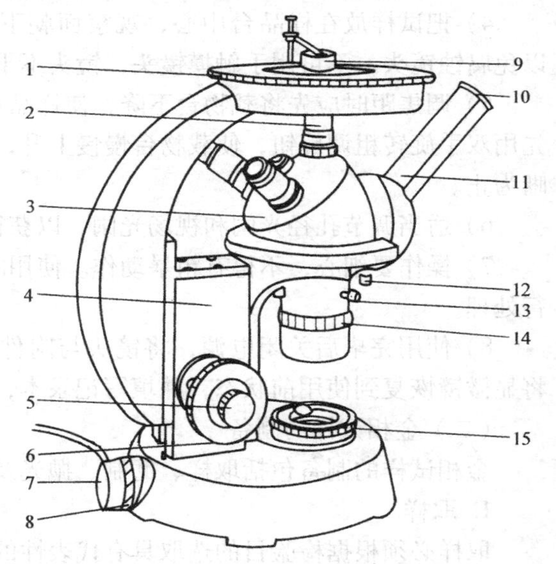

图 4-3　XJB—1 型金相显微镜外形结构图
1—载物台　2—物镜　3—转换器　4—传动箱　5—微动调焦旋钮　6—粗动调焦旋钮　7—光源　8—偏心圈　9—试样　10—目镜　11—目镜管　12—固定螺钉　13—调节螺钉　14—视场光阑　15—孔径光阑

载物台用于放置金相试样，载物台与托盘之间装有四方导架，并且两者之间有粘性油膜，可使载物台在水平面的一定范围内沿任意方向移动。显微镜体两侧装有粗动和微动调焦旋钮，旋转粗调旋钮可使载物台迅速升降，旋转微动旋钮可使物镜缓慢地上下运动，以便精

确调焦。物镜安装在物镜转换器上，可同时安装三个不同放大倍数的物镜，旋转转换器可变换物镜。目镜安装在目镜管上，目镜管呈45°倾斜，还可将目镜转向90°呈水平状态，以便显微摄影。

表4-1列出了XJB—1型金相显微镜的物镜和目镜在不同配合情况下的放大倍数。

表4-1 XJB—1型金相显微镜的放大倍数

光学系统	物镜＼目镜	5×	10×	15×
干燥系统	8×	40×	80×	120×
干燥系统	45×	225×	450×	675×
油浸系统	100×	500×	1000×	1500×

5. 显微镜的使用方法及注意事项

1）在初次操作显微镜前，要先了解显微镜的基本原理、构造以及各种主要附件的作用等。

2）将显微镜的光源插头插在变压器上，通过6V变压器接通电源。切勿直接插入220V电源，以免烧毁灯泡。

3）根据需要选择目镜，将所选择好的物镜转换到固定位置。

4）把试样放在样品台中心，观察面朝下。注意金相试样要擦干净，不得残留浸蚀剂，以免腐蚀镜头。不可用手触摸镜头，镜头不干净时要用镜头纸擦拭。

5）调焦距时应先将载物台下降，使样品尽量靠近物镜（不能接触），然后用目镜观察。先用双手旋转粗调旋钮，使载物台慢慢上升，待看到组织后再调节微调焦旋钮，直至图像清晰为止。

6）适当调节孔径光阑和视场光阑，以获得最佳质量的图像。

7）操作要细心，不得有粗暴动作。使用时如果出现故障应立即报告辅导老师，不得自行处理。

8）使用完毕后关闭电源，将镜头与附件放回附件盒，油浸物镜使用完毕要立即擦净。将显微镜恢复到使用前状态，并填写记录本，经辅导老师检查无误后方可离开实验室。

（二）金相试样的制备

金相试样的制备包括取样、磨制、抛光及浸蚀过程。

1. 取样

取样必须根据检验目的选取具有代表性的部位。对不同工艺生产的坯材或零件进行检验时，取样部位应该不同。对于失效零件，应在零件的破损部位及完好部位同时取样，以便对比。对于锻、轧及冷变形的工件，一般进行由表面到中心有代表性的纵向取样，以便观察组织和夹杂物等的变形情况，横向截面的取样可用于检验脱碳层、化学热处理的渗层、淬火层、表面缺陷、碳化物网及晶粒度测定等；对于一般热处理后的零件，由于组织状态比较均匀，试样可在任意截面截取。

试样的截取方法因材料的性质不同而异，但所有方法都应保证在截取过程中确保试样观察面的组织不发生改变。可根据材料的软硬和零件的大小选择不同的工具，如手锯、锯床、砂轮切割机、显微切片机等。试样不宜过大或过小，形状要便于手持，一般为直径12～15mm、高度12～15mm的圆柱体，或相应尺寸的正方体。

2. 镶嵌

如果试样形状不规则，过于细、薄、软、易碎，或者需要检验试样的边缘组织，则需要镶嵌试样可采用低熔点合金镶嵌或塑料镶嵌，也可机械夹持。

3. 磨制

磨制试样是为了得到平整的磨面，消除取样时产生的变形层，为抛光作准备。先是粗磨，在砂轮机上进行，试样发热时要用水冷却，以免温度升高使试样组织改变。试样要经倒角，以防后道工序划破砂纸及抛光布。试样要用砂轮磨平后再用砂纸磨光。现有的金相砂纸有两种类型：一种是干砂纸，磨料多是混合刚玉；另一种是水砂纸，磨料为碳化硅，适合在有水冲刷的情况下使用。砂纸应由粗到细依次使用，将砂纸平铺在玻璃板上，一只手将砂纸按住，一只手将试样磨面轻压在砂纸上，直线向前推，不可来回运动，磨面与砂纸要完全接触，试样上的压力要均衡，直到磨面上仅剩下一个方向的均匀磨痕为止，然后更换细一级的砂纸。每换一道砂纸，都应将试样用水冲洗一下，并且要将试样磨制方向调转 90°，以便观察上一道磨痕是否被磨去。

4. 抛光

金相试样磨光后会有细微磨痕，需通过抛光除去，使磨面呈光亮镜面。抛光的方法有机械抛光、化学抛光和电解抛光，应用最多的是机械抛光。

机械抛光在抛光机上进行，由电动机带动水平抛光盘，转速一般为 300～500r/min。粗抛时转速高一些，精抛或抛软材料时转速要低一些。应在抛光盘上铺上不同材料的抛光布，粗抛时用尼子布，精抛时用金丝绒、丝绸等。抛光时要不断向抛光盘上加抛光液，以产生磨削和润滑作用。抛光液通常采用抛光粉与水形成的悬浮液，抛光粉有 Al_2O_3、MgO 或 Cr_2O_3 等，粒度为 0.3～1μm。抛光试样的磨面应均匀、平整地压在旋转的抛光盘上，试样要拿牢，与抛光布紧密接触，压力适当。抛光时要将试样逆着抛光盘的转动方向而自身转动，同时由盘的边缘到中心往复运动。抛光时间不可太长，待试样表面磨痕消除、呈光亮的镜面时即可停止抛光，将试样用水冲洗干净，用电吹风吹干。

5. 浸蚀

抛光后的试样在显微镜下只能看到孔洞、裂纹、石墨、非金属夹杂物等，要观察金属的组织必须用适当的浸蚀剂进行浸蚀。常用化学浸蚀剂因不同材料、显示不同组织而异，见表 4-2。

表 4-2　常用化学浸蚀剂

材料名称	浸蚀剂成分
钢、铁	2%～4%硝酸酒精溶液 2%～4%苦味酸酒精溶液
铝合金	0.5% HF 水溶液 1% NaOH 水溶液 1% HF + 2.5% HNO_3 + 1.5% HCl + 95% H_2O
铜合金	8% $CuCl_2$ 溶液 3% $FeCl_3$ + 10% HCl 溶液
轴承合金	2%～4%硝酸酒精溶液 75% CH_3COOH + 25% NHO_3

浸蚀时可将试样磨面放入浸蚀剂中，也可用棉花沾浸蚀剂擦拭磨面。浸蚀的深浅根据组织的特点和观察时的放大倍数来确定，高倍观察时浸蚀要浅一些，低倍观察时要略深一些；单相组织浸蚀应重一些，双相组织浸蚀应轻一些。一般浸蚀到试样磨面发暗时即可。浸蚀后先用水冲洗，再滴几滴酒精，用滤纸吸干，最后用吹风机吹干。

三、实验内容

1. 制备一块金相试样。
2. 用金相显微镜观察金相试样。

四、实验报告要求

1. 简述金相显微镜的使用方法。
2. 简述金相试样的制备过程。

实验二 硬度试验

一、实验目的

1. 了解硬度测定的基本原理及应用范围。

2. 认识布氏硬度计、洛氏硬度计的主要结构。

3. 掌握布氏硬度计、洛氏硬度计的使用方法。

二、实验概述

金属的硬度是金属材料表面在接触应力作用下抵抗塑性变形的一种能力。硬度测量能够给出金属材料软硬程度的数量概念，因为在金属表面以下不同深处材料所承受的应力和所发生的变形程度不同，所以硬度值可以综合地反映压痕附近局部体积内金属的弹性及微量塑性变形抗力、塑性强化能力以及大量形变抗力。硬度值越高，表明金属抵抗塑性变形的能力越强，产生塑性变形就越困难。还有，硬度与强度指标及塑性指标之间有着一定的联系，因此硬度值对于机械零件的使用性能及寿命具有决定性意义。

硬度的试验方法有很多，常用压入法测量硬度，而压入法分为布氏硬度、洛氏硬度、维氏硬度等。硬度试验是金属力学性能试验中最迅速、最简单易行的方法，可对零件直接检验，损伤小，属于非破坏性试验。

金属的硬度与强度指标之间具有以下近似关系

$$R_m = K\mathrm{HBW}$$

式中 R_m——材料的抗拉强度值；

HBW——布氏硬度值；

K——系数，退火碳钢 $K=0.34\sim0.36$；合金调质钢 $K=0.33\sim0.35$；有色金属合金 $K=0.33\sim0.53$。

布氏硬度和洛氏硬度是硬度试验中最常见的两种方法，本试验给予重点介绍。

（一）布氏硬度

1. 布氏硬度试验原理

如图4-4所示，用一定大小的试验力 F，把直径为 D 的硬质合金球压入被测金属表面，保持一定时间后卸掉 F，用试验力 F 除以金属压痕的表面积 S 所得的商值就是布氏硬度值，用 HBW 表示

$$\mathrm{HBW} = \frac{F}{S} = \frac{F}{\pi Dh}$$

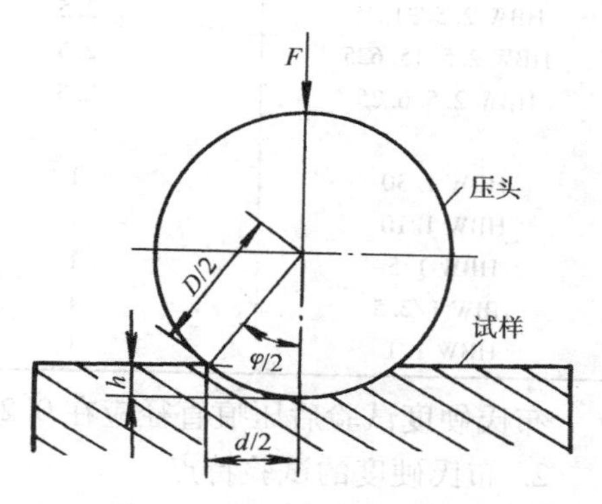

图4-4 布氏硬度试验原理图

由于压痕深度 h 较难测量，所以将 h 转换为压痕直径 d

$$h = \frac{D}{2} - \frac{1}{2}\sqrt{D^2 - d^2}$$

所以

$$HBW = 0.102\frac{2F}{\pi D(D - \sqrt{D^2 - d^2})}$$

即布氏硬度值直接与压痕直径有关，试验时只要测量出压痕直径 d，就可通过计算或查表得出 HBW 值，不标单位。

由于金属材料有硬有软，工件有厚有薄、有大有小，进行硬度试验时不能只采用一种载荷和一种直径的球。而对于同一种材料采用不同的试验力 F 及不同直径 D 的球进行试验时，只要满足 F/D^2 为常数，就可保证同一材料测得的布氏硬度值相同。国家标准规定布氏硬度试验 $0.102F/D^2$ 的比值为 30、15、10、5、2.5 和 1 六种，其中 30、15、2.5 这三种最常用。不同条件下的试验力见表 4-3。

表 4-3 不同条件下的试验力

硬度符号	压头球直径 D/mm	试验力-压头球直径平方的比率 $0.102F/D^2$	试验力 F/N
HBW 10/3000	10	30	29420
HBW 10/1500	10	15	14710
HBW 10/1000	10	10	9807
HBW 10/500	10	5	4903
HBW 10/250	10	2.5	2452
HBW 10/100	10	1	980.7
HBW 5/750	5	30	7355
HBW 5/250	5	10	2452
HBW 5/125	5	5	1226
HBW 5/62.5	5	2.5	612.9
HBW 5/25	5	1	245.2
HBW 2.5/187.5	2.5	30	1 839
HBW 2.5/62.5	2.5	10	612.9
HBW 2.5/31.25	2.5	5	306.5
HBW 2.5/15.625	2.5	2.5	153.2
HBW 2.5/6.25	2.5	1	61.29
HBW 1/30	1	30	294.2
HBW 1/10	1	10	98.07
HBW 1/5	1	5	49.03
HBW 1/2.5	1	2.5	24.52
HBW 1/1	1	1	9.807

布氏硬度试验后压痕直径应在 $0.25D \sim 0.60D$ 的范围内，否则试验结果无效。

2. 布氏硬度的试验特点

布氏硬度的压痕面积大，能测出试样较大范围内的性能，不受个别组织的影响，其硬度值代表性较全面，所以特别适合测定灰铸铁、轴承合金和具有粗大晶粒的金属材料，并且试验数据稳定，重复性强。布氏硬度值与抗拉强度之间还存在换算关系，见表 4-4。由于布氏硬度压痕很大，不适合于成品及薄片金属的检验，通常用于测定铸铁、有色金属、低合金结构钢等原材料及结构钢调质件的硬度。

表 4-4　布氏硬度值与抗拉强度之间的关系

材料	硬度值　HBW	近似换算公式
钢	125 ~ 175	$R_m \approx 0.343\text{HBW} \times 10\text{MPa}$
	>175	$R_m \approx 0.362\text{HBW} \times 10\text{MPa}$
铸铝合金		$R_m \approx 0.263\text{HBW} \times 10\text{MPa}$
退火黄铜、青铜		$R_m \approx 0.55\text{HBW} \times 10\text{MPa}$
冷加工黄铜、青铜		$R_m \approx 0.40\text{HBW} \times 10\text{MPa}$

3. 布氏硬度计

常见的布氏硬度计有液压式和机械式两大类。图 4-5 所示为机械式 HB—3000 型布氏硬度计的结构，其主要部件及功能如下：

（1）机体与工作台　机体为铸件，在机体前台面安装了丝杠，丝杠上装有立柱和工作台，能上下移动。

（2）杠杆机构　杠杆系统通过电动机将试验力自动加在试样上。

（3）压轴部分　保证工作时试样与压头中心对准。

（4）减速器部分　带动曲柄连杆，在电动机转动及反转时，将试验力加到压轴上或从压轴上卸除。

（5）换向开关系统　控制电动机回转方向，确保加、卸试验力自动进行。

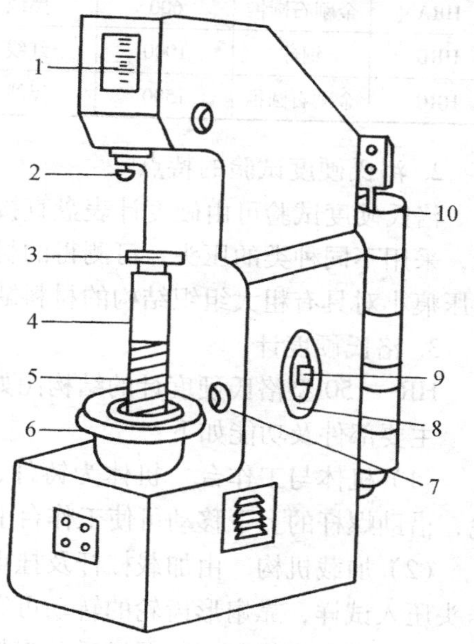

图 4-5　HB—3000 型布氏硬度计
1—指示灯　2—压头　3—工作台　4—立柱
5—丝杠　6—手轮　7—加载按钮
8—时间定位器　9—压紧螺钉
10—载荷砝码

（二）洛氏硬度

1. 洛氏硬度试验原理

洛氏硬度试验的压头采用锥角为 120°的金刚石圆锥或直径为 1.588mm（1/16in）的钢球。如图 4-6 所示，试验力分两次施加，先加初试验力，施加初试验力后压痕深度为 h_0；然后加主试验力，其压痕深度为 h_1；再卸除主试验力，由于试样弹性变形的恢复，压头位置提高 h_2，此时压头受主试验力作用的压入深度为 h，用 h 值的大小来衡量材料的硬度。

在实际应用中，为了使硬的材料得出的硬度值比软的材料得出的硬度值高，以符合一般的习惯，人为规定用一常数 K 减去压痕深度 h 的值作为洛氏硬度值的指标，并规定每 0.002mm 为一个洛氏硬度单位，用符号 HR 表示。

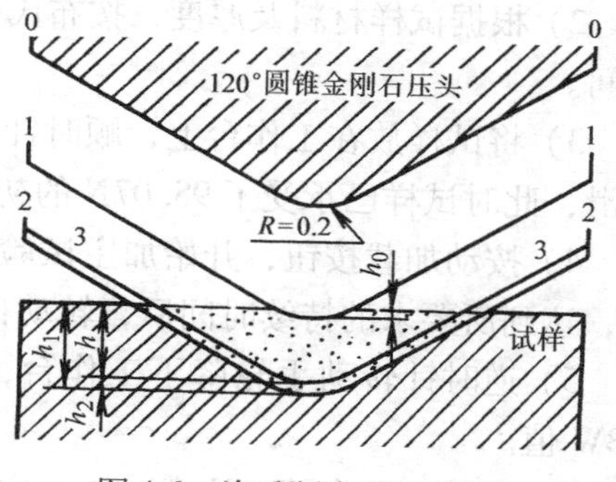

图 4-6　洛氏硬度试验原理

$$HR = \frac{K - h}{0.002}$$

使用金刚石压头时，$K = 0.2\text{mm}$，用黑色刻度所示；使用钢球压头时，$K = 0.26\text{mm}$，用红色表盘刻度所示，试验时直接由表盘读数。

为了适应硬度不同的材料，洛氏硬度试验采用了不同的压头和总试验力（初试验力 + 主试验力），组成了15种标尺，最常用的是HRA、HRB、HRC三种。常用三种标尺所对应的压头种类、载荷大小及适用范围见表4-5。

表4-5 洛氏硬度试验规范

符号	压头种类	总试验力/N	表盘上刻度颜色	常用硬度值范围	应用举例
HRA	金刚石圆锥	600	黑线	70~85	碳化物、硬质合金、表面硬化工件等
HRB	钢球	1000	红线	25~100	软钢、退火钢、铜合金等
HRC	金刚石圆锥	1500	黑线	20~67	淬火钢、调质钢等

2. 洛氏硬度试验的特点

洛氏硬度试验可由硬度计表盘直接读出硬度值，操作简单迅速，适用于成批零部件的检验，采用不同种类的压头，可测得的材料范围较广。由于压痕小，对一般工件不造成损伤，但压痕小对具有粗大组织结构的材料缺乏代表性，数据分散，精确度没有布氏硬度高。

3. 洛氏硬度计

HR—150型洛氏硬度计的结构图如图4-7所示。

主要部件及功能如下：

（1）机体与工作台　机体为铸件，在机体前面安装有不同形状的工作台，通过转动手轮，借助螺杆的上下移动可使工作台上升或下降。

（2）加载机构　由加载杠杆及挂重架等组成，通过杠杆系统将试验力传到压头，从而将压头压入试样，靠扇形齿轮的转动可完成加卸试验力的任务。

（3）千分表指示盘　通过千分表指示盘可直接读出硬度值。

三、试验内容

（一）布氏硬度试验

1）试样表面应无氧化层、油污及表面缺陷，试样厚度不小于压痕深度的10倍，至少不小于压痕深度的8倍，试验面应与硬度计支承面平行。

2）根据试样材料及厚度，按布氏硬度试验规范选择钢球压头直径、试验力大小及保持时间。

3）将试样放在工作台上，顺时针转动手轮，使压头与试样接触，继续转动手轮至手轮打滑，此时试样已承受了98.07N的初试验力。

4）按动加载按钮，开始加主试验力。当红色指示灯闪亮时，迅速拧紧螺钉，使圆盘转动，达到所要求的持续时间后，转动自行停止。

5）逆时针转动手轮降下工作台，取下试样，用读数显微镜测量压痕直径，查表可得HBW值。

6）重复上述步骤。注意：压痕中心与试样边缘的距离不应小于压痕直径的2.5倍，两

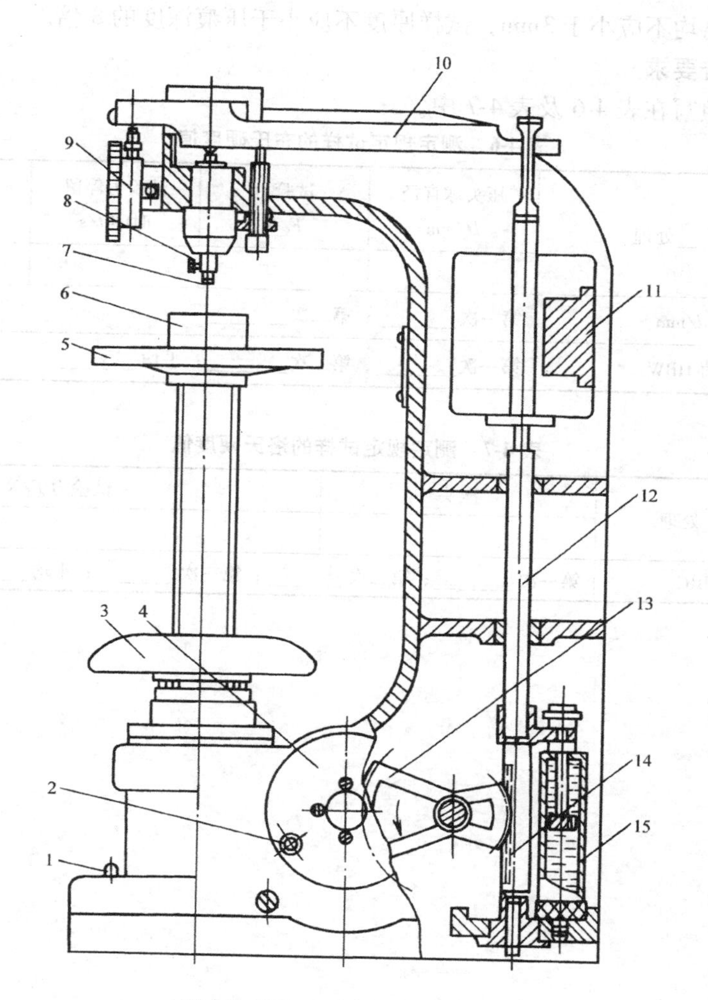

图 4-7　HR—150 型洛氏硬度计

1—按钮　2—手柄　3—手轮　4—转盘　5—工作台　6—试样　7—压头　8—压轴　9—指示器表盘　10—杠杆　11—砝码　12—顶杆　13—扇齿轮　14—齿条　15—缓冲器

相邻压痕中心距离不应小于压痕直径的 4 倍。

（二）洛氏硬度试验

1）要求试样表面光滑，无油污，无裂纹、凹坑、氧化皮等表面缺陷。

2）按照洛氏硬度试验规范选择试验压头及试验力，根据试样大小及形状选择工作台。

3）加初试验力。将试样放在工作台上，顺时针转动手轮，使试样与压头缓慢接触，直至表盘小针指到“0”为止，然后将大针调零。

4）按动加载按钮加主试验力，等待数秒钟，待手柄转动停止，再把手柄扳回到原来的位置，即卸除主试验力，此时可由表盘直接读出硬度值。

5）逆时针转动手轮，取出试样。

6）重复上述步骤，在试样不同位置共测三个点。注意：相邻两个压痕中心之间及压痕中心至边缘的距离均不应小于3mm，试样厚度不应小于压痕深度的8倍。

四、实验报告要求

将试验数据填写在表4-6及表4-7中。

表4-6　测定规定试样的布氏硬度值

___钢，经___处理	压头球直径 D/mm	试验力 F/N	试验力停留时间 t/s	$0.102F/D^2$
压痕直径 d/mm	第一次________；第二次________			
布氏硬度值 HBW	第一次________；第二次________；平均________			

表4-7　测定规定试样的洛氏硬度值

___钢，经___处理	压头	试验力 F/N
洛氏硬度值 HRC	第一次________；第二次________；第三次________；平均________	

实验三　铁碳合金平衡组织观察与分析

一、实验目的

1. 通过观察和分析，熟悉铁碳合金在平衡状态下的显微组织。
2. 了解铁碳合金中的相及组织组成物的本质、形态及分布特征。
3. 分析并掌握平衡状态下铁碳合金的组织与性能之间的关系。

二、实验设备及用品

1. 显微镜。
2. 典型铁碳合金平衡组织试样。

三、概述

碳钢和铸铁是工业上应用最为广泛的金属材料，它们的性能与组织有着密切的联系。熟悉并掌握铁碳合金的组织，对于合理使用钢铁材料具有十分重要的实际指导意义。

1. 碳钢和白口铸铁的平衡组织

平衡组织一般是指合金在极为缓慢的冷却条件下（退火状态）所得到的组织。铁碳合金在平衡状态下的显微组织可以根据 Fe-Fe_3C 相图来分析，从相图中可知，所有碳钢和白口铸铁在室温时的显微组织均由铁素体（F）和渗碳体（Fe_3C）组成。但是，由于含碳量的不同和结晶条件的差别，铁素体和渗碳体相的相对数量、形态、分布和混合情况均不一样，因而呈现各种不同特征的组织组成物。碳钢和白口铸铁在室温下的显微组织见表 4-8。

表 4-8　铁碳合金的室温平衡组织

合金类型		碳的质量分数（%）	显微组织
工业纯铁		≤0.0218	铁素体(F)
碳钢	亚共析钢	0.0218～0.77	铁素体(F)＋珠光体(P)
	共析钢	0.77	珠光体(P)
	过共析钢	0.77～2.11	珠光体(P)＋二次渗碳体(Fe_3C_{II})
白口铸铁	亚共晶白口铸铁	2.11～4.3	珠光体(P)＋二次渗碳体(Fe_3C_{II})＋莱氏体(L′d)
	共晶白口铸铁	4.3	莱氏体(L′d)
	过共晶白口铸铁	4.3～6.69	一次渗碳体(Fe_3C_{I})＋莱氏体(L′d)

将试样磨制、抛光，经 2%～4% 硝酸酒精溶液浸蚀后，在金相显微镜下观察，铁碳合金在平衡状态下的显微组织如下。

（1）工业纯铁　室温平衡组织为 F。F 呈白色块状（图 4-8），强度低、硬度低。

（2）亚共析钢　室温平衡组织为 F＋P。F 呈白色块状，P 呈层片状，放大倍数不高时 P 呈黑色块状（图 4-9）。$w_C=0.6\%$ 的亚共析钢的室温平衡组织中 F 常呈白色网状，包围在 P 周围（图 4-10）。

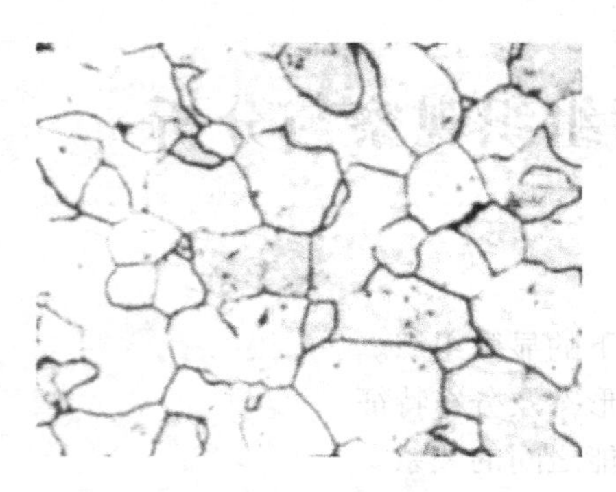

图 4-8 工业纯铁室温平衡组织

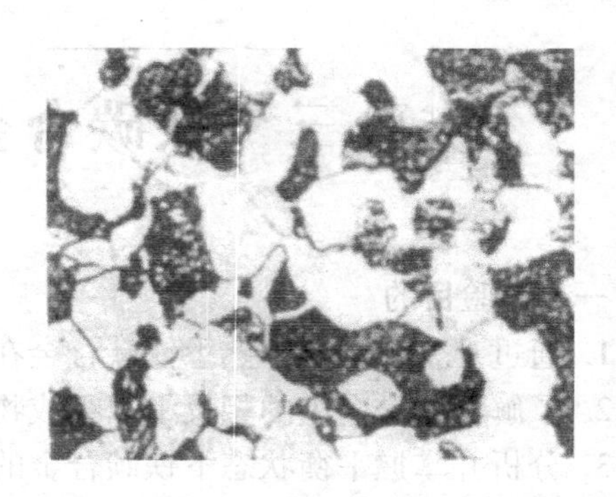

图 4-9 亚共析钢（45 钢）室温平衡组织

（3）共析钢 室温平衡组织为 P，它是由铁素体片和渗碳体片相互交替排列形成的层片状组织（图 4-11）。用 600 × 以上的显微镜观察时，宽条铁素体和细条渗碳体都呈白亮色，它们的边界呈黑色。用 400 × 左右的显微镜观察时，渗碳体呈黑线条，珠光体为白色铁素体片和黑色细条渗碳体相间的两相混合物。用 200 × 以下的显微镜观察时，珠光体呈黑色块状。

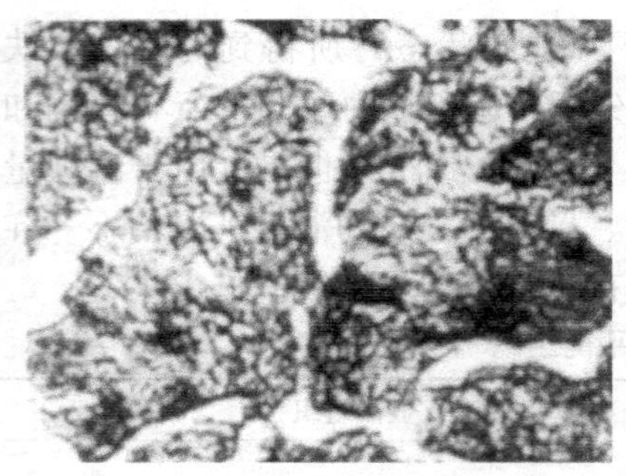

图 4-10 亚共析钢（60 钢）室温平衡组织

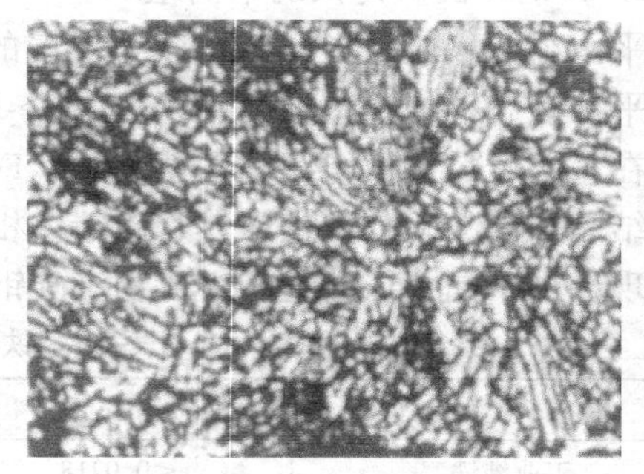

图 4-11 共析钢室温平衡组织

（4）过共析钢 室温平衡组织为 $Fe_3C_{II}+P$，Fe_3C_{II}呈网状分布在层片状 P 周围（图 4-12）。

（5）亚共晶白口铸铁 室温平衡组织为 $P+Fe_3C_{II}+L'd$。网状 Fe_3C_{II}分布在粗大块状 P 的周围，L′d 则由条状或粒状 P 和 Fe_3C 基体组成（图 4-13）。

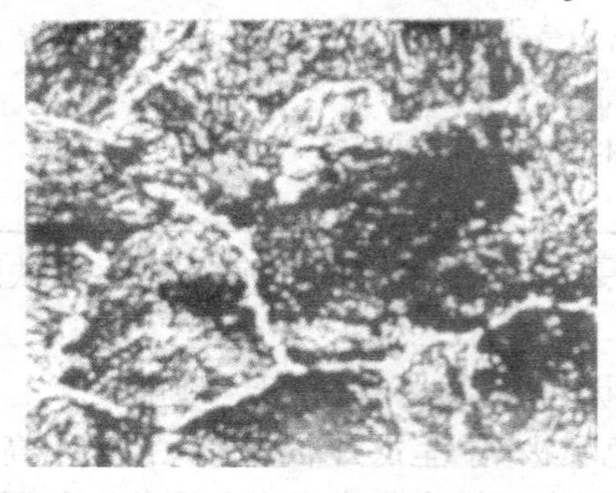

图 4-12 过共析钢室温平衡组织

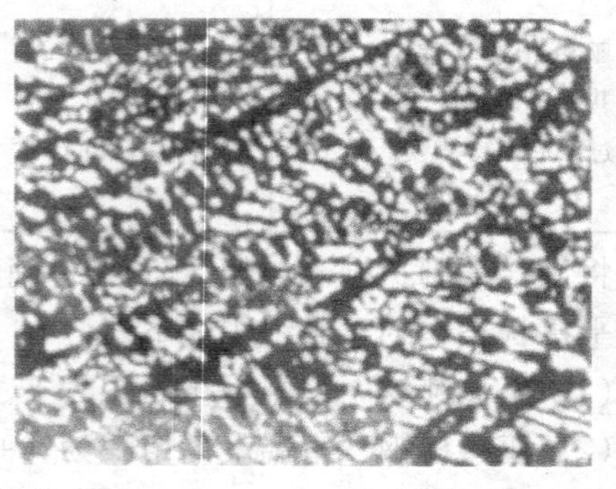

图 4-13 亚共晶白口铸铁室温平衡组织

（6）共晶白口铸铁　室温平衡组织为L′d，由黑色条状或粒状P和白色Fe_3C基体组成（图4-14）。

（7）过共晶白口铸铁　室温平衡组织为$Fe_3C_Ⅰ$ +L′d，$Fe_3C_Ⅰ$呈长条状（图4-15）。

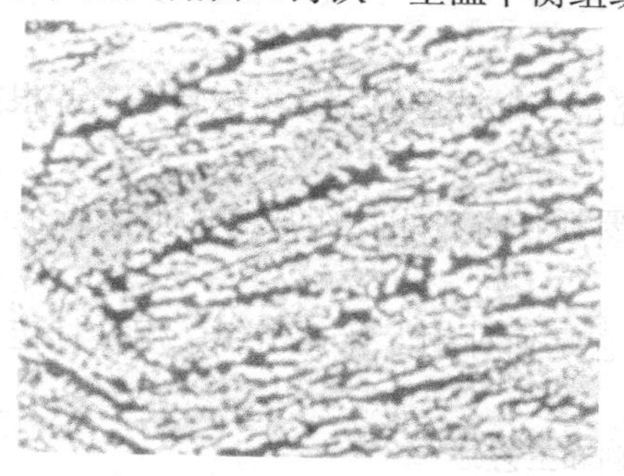

图4-14　共晶白口铸铁室温平衡组织

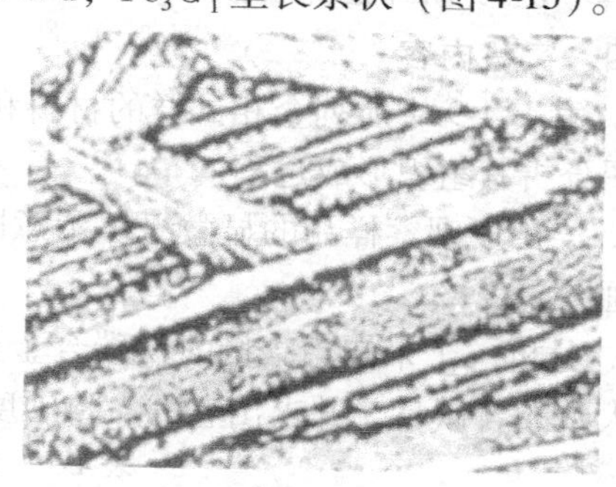

图4-15　过共晶白口铸铁室温平衡组织

工业纯铁强度低、硬度低，不宜用作结构材料。碳钢的强韧性较好，应用广泛。白口铸铁的室温平衡组织中含有莱氏体，硬度高、脆性大，应用较少。

2. 组成相的特征

（1）铁素体（F）　F是碳溶于α-Fe中的间隙固溶体。F为体心立方晶格，具有磁性及良好的塑性，硬度较低，一般为80～120HBW，经3%～5%硝酸酒精溶液浸蚀后在显微镜下观察为白色晶粒。随着钢中含碳量的增加，铁素体量减少，铁素体量较多时呈块状分布。当钢中含碳量接近共析成分时，铁素体往往呈断续的网状，分布于珠光体的周围。

（2）渗碳体（Fe_3C）　Fe_3C是铁与碳形成的复杂结构的间隙化合物，它的碳的质量分数为6.69%，抗浸蚀能力较强，经3%～5%硝酸酒精溶液浸蚀后呈白亮色（如用碱性苦味酸钠溶液浸蚀后，Fe_3C则呈黑色）。一次渗碳体（$Fe_3C_Ⅰ$）直接从液体中析出，呈长白条状，分布在莱氏体之间。二次渗碳体（$Fe_3C_Ⅱ$）由奥氏体中析出，数量较少。$Fe_3C_Ⅱ$沿奥氏体晶界析出，在奥氏体转变成珠光体后，它呈网状分布在珠光体的边界上。另外，经不同的热处理后，渗碳体可以呈片状、粒状或断续网状。渗碳体的硬度很高，可达800HBW以上，它是一种硬而脆的相，强度和塑性都很差。三次渗碳体（$Fe_3C_Ⅲ$）由铁素体中析出，数量极少，往往予以忽略。珠光体中的共析渗碳体呈片状，它使珠光体的强度提高。莱氏体中的共晶渗碳体作为莱氏体的基体，使莱氏体的硬度高、脆性大、塑性极差。

3. 亚共析钢的含碳量和性能的估算

亚共析钢的室温平衡组织为F+P，随着含碳量的增加，F的含量逐渐减少，P的含量逐渐增加。亚共析钢的含碳量可由其室温平衡组织来估算，若将F中的含碳量忽略不计，则钢中的碳全部在P中，因此由钢中P的质量分数可估算出钢中碳的质量分数，即

$$w_C = w_P \times 0.77\%$$

由于P和F的密度相近，钢中P和F的质量分数可以近似用在显微镜中观察到的P和F的面积分数来代替。

亚共析钢的硬度（HBW）、强度（R_m）和塑性（A）可作如下估算

$HBW \approx 80 \times w_F + 180 \times w_P$

或 $HBW \approx 80 \times w_F + 800 \times w_{Fe_3C}$

$R_m(MPa) \approx 230 \times w_F + 770 \times w_P$

$A \approx 50\% \times w_F + 20\% \times w_P$

四、实验内容

1. 由表4-9中所列金相试样的材料和工艺，研究每一个试样的显微组织特征，并根据铁碳相图分析其组织形成过程。

2. 绘出所观察样品的显微组织示意图，画图时要抓住各种组织组成物的形态特征（用铅笔画图）。

3. 分析一个未知含碳量的铁碳合金试样，指出它是何种钢、什么组织、用杠杆定律估算出大致的含碳量，并求出它的大致硬度。

表4-9　金相试样的材料和工艺

编号	材料	工艺	浸蚀剂
1	工业纯铁	退火	4%硝酸酒精溶液
2	亚共析钢（45钢）	退火	
3	共析钢（T8钢）	退火	
4	过共析钢（T12钢）	退火	
5	亚共晶白口铸铁	铸造	
6	共晶白口铸铁	铸造	
7	过共晶白口铸铁	铸造	
8	未知含碳量的铁碳合金	退火	

五、实验报告要求

1. 写出实验目的。

2. 画出所观察试样的显微组织示意图，用箭头和代表符号标明各组织组成物，并注明试样的含碳量、浸蚀剂和放大倍数。

3. 根据所观察的组织，说明含碳量对铁碳合金的组织和性能影响的一般规律。

4. 根据杠杆定律估算未知试样的含碳量，并估算出它的大致硬度（HBW）。

六、思考题

1. 珠光体组织在低倍观察和高倍观察时有何不同？为什么？

2. 渗碳体有哪几种？它们的形态有什么差别？

实验四　碳钢热处理后的显微组织观察与分析

一、实验目的

1. 观察碳钢经不同热处理工艺后的显微组织。
2. 了解热处理工艺对钢组织和性能的影响。
3. 熟悉碳钢几种典型热处理组织的形态及特征。

二、实验设备及用品

1. 金相显微镜。
2. 金相试样。

本实验所用试样的成分、工艺及获得的显微组织见表 4-10。

表 4-10　钢热处理后试样状态

样品号	材料	热处理工艺	浸蚀剂	显微组织
1	45 钢	860℃空冷	4%硝酸酒精	索氏体 + 铁素体
2	45 钢	860℃油冷		马氏体 + 托氏体 + 上贝氏体
3	45 钢	860℃水冷		板条状马氏体
4	45 钢	860℃水冷，600℃回火		回火索氏体
5	45 钢	750℃水冷		马氏体 + 铁素体
6	T12	780℃水冷，200℃回火		回火马氏体 + 二次渗碳体 + 残留奥氏体
7	T12	760℃球化退火		粒状珠光体
8	T12	1000℃水冷		粗大片状马氏体 + 残留奥氏体

三、实验概述

1. 连续冷却转变图与非平衡组织

根据铁碳相图可知，碳钢在缓慢冷却时会得到平衡组织，亚共析钢为铁素体和珠光体，过共析钢为网状二次渗碳体和珠光体。若经过球化退火，则获得粒状珠光体组织，其中渗碳体呈颗粒状，如图 4-16 所示。但当热处理后的冷却速度较快时，会获得各种非平衡组织，这种非平衡组织不能只借助 $Fe\text{-}Fe_3C$ 相图分析，还要参考该钢的连续冷却转变图。图 4-17 所示为 45 钢的连续冷却转变图。当钢在炉中缓慢冷却（退火）时，获得较多的先共析铁素体和较少的珠光体；而在空气中冷却（正火）时，获得较少的先共析铁素体和较多的珠光体（图 4-18），因而其硬度也明显提高。

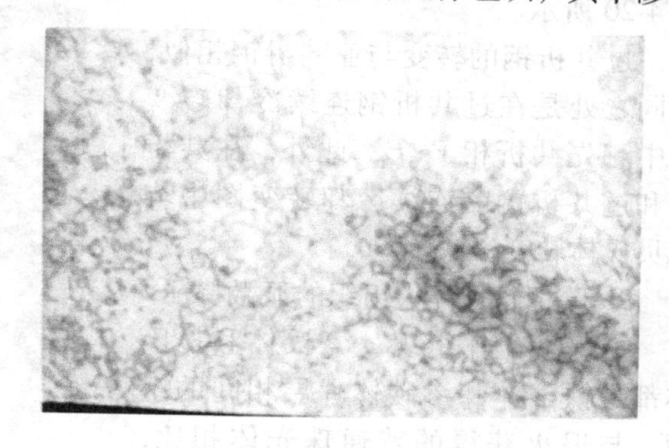

图 4-16　粒状珠光体组织

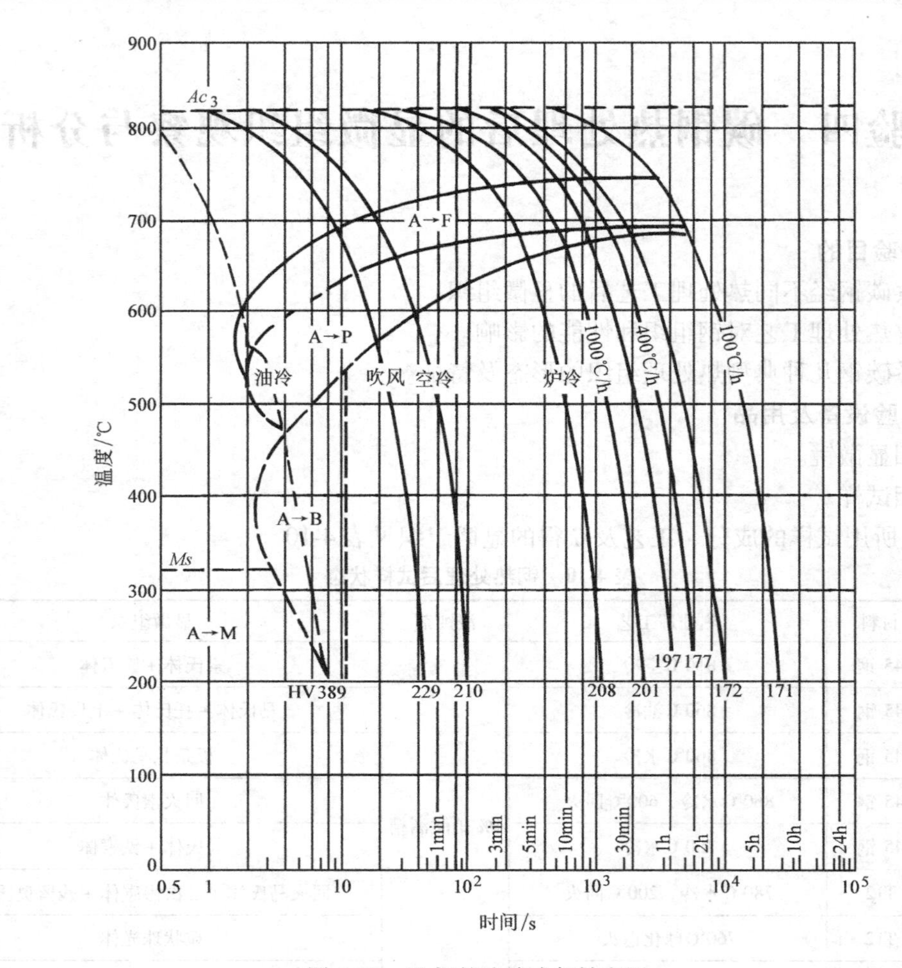

图 4-17 45 钢的连续冷却转变图

从 45 钢的连续冷却转变图可知，当淬火油冷时，其显微组织中除了马氏体外，还有少量先共析铁素体、少量托氏体和上贝氏体存在，其显微组织如图 4-19 所示。

当冷却速度大于淬火临界冷却速度时，45 钢获得全部马氏体组织，如图 4-20 所示。

过共析钢的转变与亚共析钢相似，不同之处是在过共析钢连续冷却转变图中有先共析相 Fe_3C；此外，在共析钢和过共析钢的连续冷却转变图中均无贝氏体转变区。

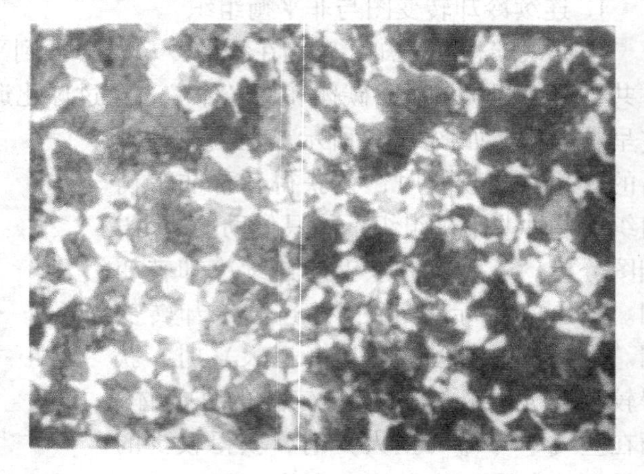

图 4-18 45 钢正火组织

2. 碳钢各种淬火组织的显微特征

(1) 珠光体组织　索氏体和托氏体都是铁素体和渗碳体片层相间的组织，与退火获得的普通珠光体相比，其片层间距更为细小。索氏体组织一般要在 800～1000 倍的光学显微镜下才能分辨，而托氏体组织要在电子显微镜下才能分辨，它们在光学显微镜下均呈黑色。

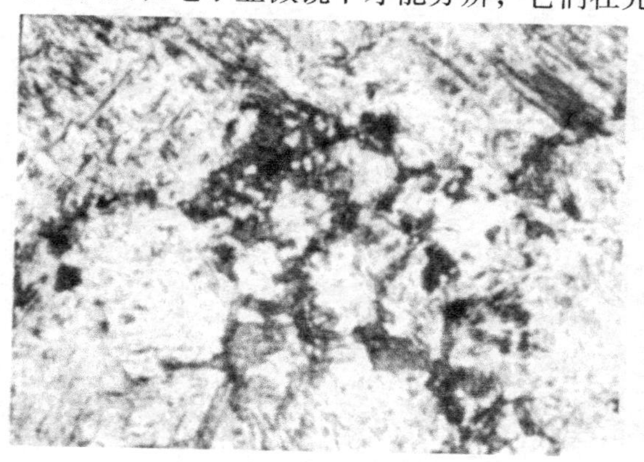

图 4-19　45 钢油冷淬火组织

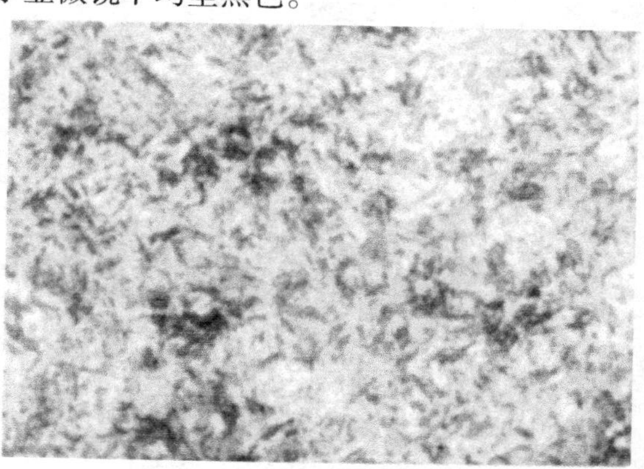

图 4-20　45 钢水冷淬火组织

（2）贝氏体组织　贝氏体也是铁素体和渗碳体的两相混合物，但其形态多变，与珠光体组织有较大差异，主要有羽毛状的上贝氏体、针状的下贝氏体和粒状贝氏体，其中最为常见的是上贝氏体和下贝氏体。

上贝氏体是由成束平行排列的条状铁素体和在条间断续分布的渗碳体所组成的非层状组织。铁素体由晶界向晶内伸展，具有羽毛状的形态。

下贝氏体是在片状铁素体内部沉淀出碳化物的混合组织。铁素体比较容易浸蚀，在光学显微镜下呈黑色针状，只有在电子显微镜下才能看清片状铁素体内很细的碳化物，大致与铁素体的长轴呈 55°~65°的角度。

（3）马氏体组织　马氏体是碳在 α-Fe 中的过饱和固溶体，主要分为两大类，即板条马氏体和片状马氏体。

1）板条马氏体。在光学显微镜下，板条马氏体的形态为一束束马氏体板条群，每一束内的马氏体板条之间以小角度晶界分开，而束与束之间以大角度晶界分开，每个原奥氏体晶粒内包含几束马氏体板条群。板条较易浸蚀而发黑，如图 4-21 所示。

2）片状马氏体。在光学显微镜下，片状马氏体呈竹叶状或针状，片间有一定角度，其组织难以浸蚀，所以颜色较浅，呈灰白色。当高碳钢的淬火温度过高时，获得粗大的片状马氏体和相当数量的残留奥氏体（呈白色），如图 4-22 所示。过共析钢在正常淬火时获得片状马氏体和未溶渗碳体组织，此时片状马氏体为隐晶马氏体，在光学显微镜下其形貌难以分辨，如图 4-23 所示。

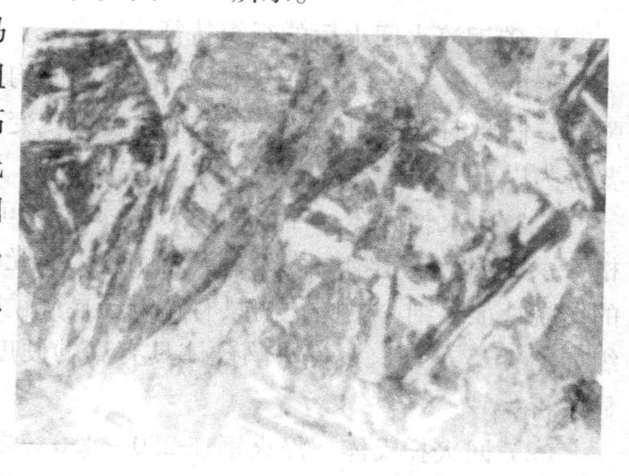

图 4-21　板条马氏体组织

对于亚共析钢，如果淬火温度高于 Ac_1 但低于 Ac_3，在加热时将有部分铁素体不能转变为奥氏体，随后淬火时，这部分铁素体不能转变为马氏体而残留于组织中，如图 4-24 所示，使钢淬火后硬度明显下降。

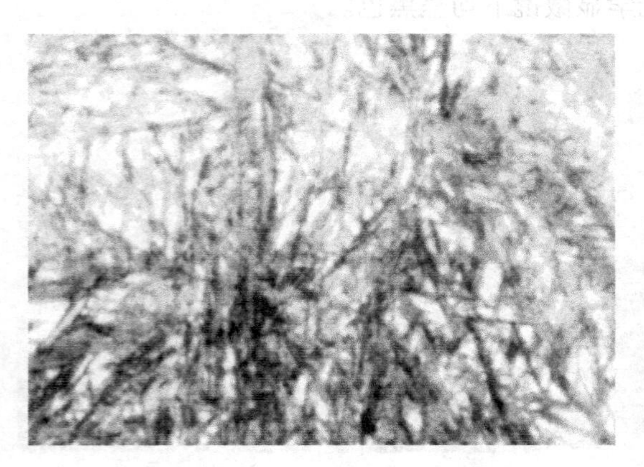

图 4-22　粗大片状马氏体组织

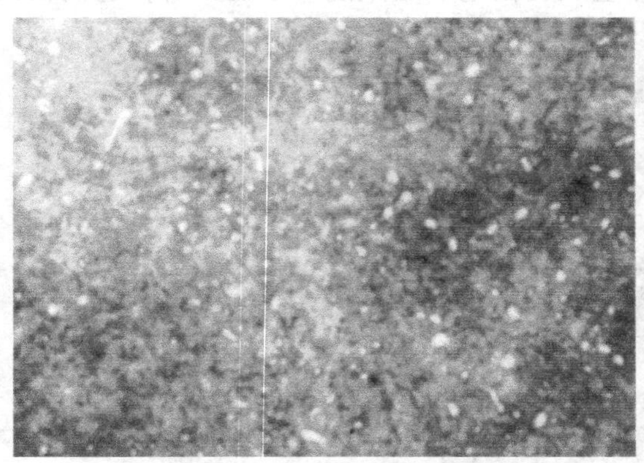

图 4-23　隐晶马氏体组织

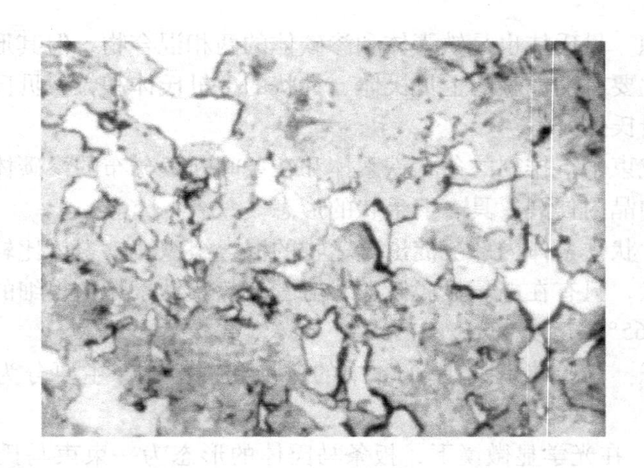

图 4-24　45 钢淬火组织

3. 碳钢淬火回火后的组织特征

碳钢淬火后获得的马氏体及残留奥氏体均为不稳定组织，当温度升高时其原子活动性增强，它们要向稳定的铁素体和渗碳体组织转变。但在不同温度回火时，获得的组织不同，主要分为以下三类。

（1）回火马氏体　淬火钢在 150 ~ 250℃ 间低温回火时，从马氏体中析出与母相保持共格关系的细小碳化物，称为回火马氏体。在光学显微镜下，回火马氏体仍然具有淬火马氏体的形貌特征，细小的碳化物只有在电子显微镜下才能看到。T12 钢淬火并经低温回火后的组织如图 4-25 所示，其回火马氏体具有高的硬度和强度，而韧性和塑性要比淬火马氏体有明显改善。

（2）回火托氏体　淬火钢在 250 ~ 450℃ 之间中温回火时，所得到的组织为铁素体与粒状渗碳体组成的细密混合物，称为回火托氏体。在光学显微镜下，其铁素体仍然可见针状形态，但碳化物太小，难以分辨，在电子显微镜下可观察到渗碳体颗粒。回火托氏体的性能特点是具有高的弹性极限。

（3）回火索氏体 淬火钢在500~650℃高温回火时，所得到的组织为等轴状的铁素体和粒状渗碳体，称为回火索氏体。在光学显微镜下可观察到细小的粒状渗碳体，如图4-26所示。这种组织具有良好的综合力学性能。

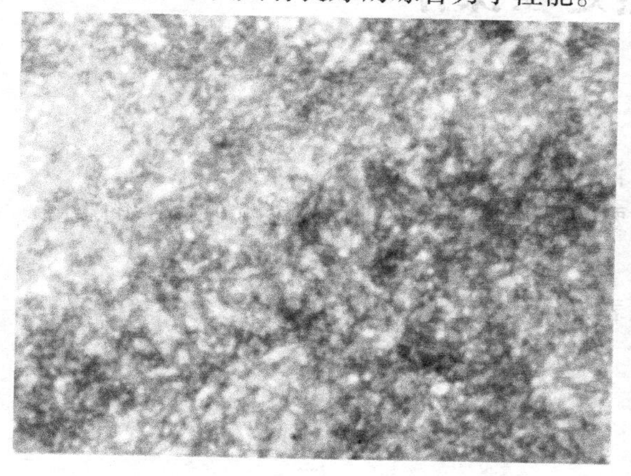

图4-25 T12钢回火马氏体组织

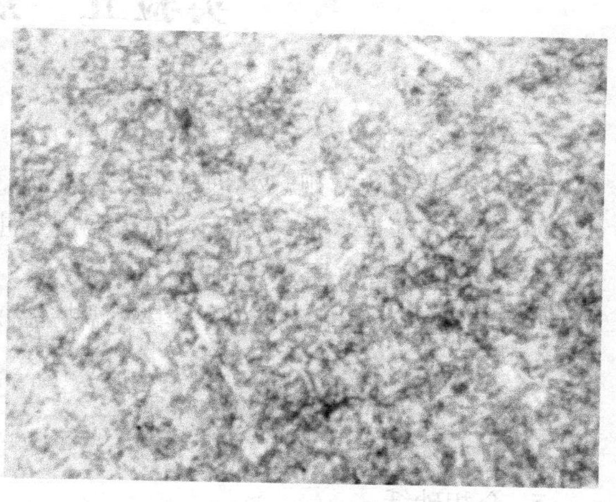

图4-26 45钢回火索氏体组织

四、实验内容

1. 观察表4-8所列试样的显微组织。

2. 描绘所观察试样的组织示意图，并注明材料、热处理工艺、放大倍数、组织组成物、浸蚀剂等。

五、实验报告要求

1. 明确实验目的。

2. 画出所观察试样的显微组织示意图，并用箭头标出组织组成物。

3. 借助45钢的连续冷却转变图，分析45钢经860℃奥氏体化后以不同速度冷却所得到的组织及性能，深刻体会热处理工艺对钢组织和性能的影响。

实验五　热处理操作

一、实验目的

1. 熟悉碳钢的常规热处理（退火、正火、淬火及回火）操作方法。

2. 了解含碳量、加热温度、回火温度等主要因素对碳钢热处理后性能（硬度）的影响。

二、实验设备仪器及用品

1. 实验用箱式电阻加热炉及其测温控温仪表。

2. 洛氏硬度计。

3. 淬火水槽、油槽及淬火介质。

4. 热处理夹钳。

5. 金相砂纸。

6. 退火态 45 钢、T12 钢试样各 8 块，尺寸分别为 ϕ10mm × 15mm 及 ϕ10mm × 12mm。

三、实验概述

钢的热处理就是在固态下对钢进行加热、保温和冷却，以改变其内部组织，从而使钢获得所需要的物理、化学、力学和工艺性能的一种操作方法。钢的常规热处理操作主要有退火、正火、淬火和回火。

在热处理操作中，加热温度、保温时间和冷却方式是最主要的三个基本工艺参数，选择合理的热处理工艺参数是获得所需性能的基本保证。

1. 加热温度

铁碳相图是确定钢的热处理加热温度的主要依据。对于退火、正火和淬火操作，其加热温度一般应超过 Ac_3 和 Ac_{cm} 线，以获得均匀细小的奥氏体晶粒，但过共析钢球化退火和淬火例外。

若过共析钢加热到 Ac_{cm} 线以上退火时，只能获得网状的二次渗碳体和珠光体组织，这种组织的硬度较高，不利于切削加工，也不利于随后的淬火操作，易于出现淬火裂纹。加热到 Ac_{cm} 线以上淬火时，不仅使获得的马氏体组织粗大，而且还会获得过多的残留奥氏体，导致硬度和耐磨性下降，脆性增加，甚至会出现淬火裂纹。

常规热处理工艺的加热温度见表 4-11，45 钢和 T12 钢的临界温度见表 4-12。

表 4-11　钢的常规热处理工艺的加热温度

方　法	加热温度/℃	应　用　范　围
退　火	Ac_3 +（30 ~ 50）	亚共析钢完全退火
	Ac_1 +（20 ~ 30）	共析钢、过共析钢球化退火
正　火	Ac_3 +（30 ~ 50）	亚共析钢
	Ac_1 +（20 ~ 30）	共析钢、过共析钢
淬　火	Ac_3 +（30 ~ 50）	亚共析钢
	Ac_1 +（30 ~ 50）	共析钢、过共析钢

（续）

方　法	加热温度/℃	应　用　范　围
低温回火	150～250	切削刃具、量具、冷冲模具、高硬度零件等
中温回火	350～500	弹簧、中等硬度零件等
高温回火	500～650	齿轮、轴、连杆等要求综合力学性能的零件

表 4-12　45 钢和 T12 钢的临界温度

钢　号	临界温度/℃		
	Ac_1	Ac_3	Ac_{cm}
45	724	780	
T12A	730		820

回火温度取决于合金所要求的组织和性能。低温回火的目的是降低淬火应力，减小钢的脆性并保持钢的高硬度，一般获得回火马氏体组织，硬度为 57～60HRC；中温回火的目的是获得高的弹性极限，同时具有高的韧性，一般获得回火托氏体组织，硬度为 40～48HRC；高温回火的目的是获得具有一定强硬度、又有良好冲击韧性的回火索氏体组织，硬度为 25～35HRC。

2. 保温时间

为了使钢件内外各部分温度均匀一致，并完成组织转变，就必须在某一加热温度下保温一段时间。广义的保温时间是指工件升温时间（工件入炉后表面达到炉内指示温度的时间）、透热时间（工件心部与表面温度趋于一致的时间）和保温时间的总和，因此，保温时间与钢的成分、原始组织、加热设备、加热介质、工件体积、装炉量及装炉方式和工艺本身的要求等许多因素均有关系。通常根据经验公式计算保温时间，一般在空气介质中升到规定温度后的保温时间，碳钢按工件厚度每毫米需一分至一分半钟估算，合金钢按每毫米两分钟估算；在盐浴炉中，保温时间可缩短 1～2 倍。回火保温时间与回火温度有关，通常低温回火保温时间较长，为 1～2h，而高温回火保温时间较短，为 0.5～1h。

3. 冷却方式

热处理的冷却方法必须适当，才能获得所要求的组织和性能。退火一般采用随炉冷却，为了节约时间，可在炉冷至 600～550℃时出炉空冷。正火多采用在空气中冷却，大件常进行吹风冷却。

淬火的冷却方式非常重要，一方面冷却速度要大于淬火临界冷却速度，以保证获得马氏体组织；另一方面冷却速度应当尽量缓慢，以减少内应力，避免变形和开裂。理想的淬火冷却介质应该在过冷奥氏体最不稳定的温度范围（550～650℃）快冷，以超过临界冷却速度，而在马氏体转变温度范围（200～300℃）慢冷，以减少内应力。生产上常用的淬火介质都有其局限性，其冷却能力见表 4-13，难以满足上述要求。因此，热处理生产上实际所用的淬火方法除了单液淬火外，还有双液淬火、分级淬火、等温淬火等，但形状较为简单的工件一般采用单液淬火。

四、实验内容

1. 按表 4-14 所列工艺条件进行热处理操作。

2. 测定热处理后全部试样的硬度（炉冷、空冷试样测 HRB，水冷和回火试样测 HRC），并将数据填入表 4-14 中。

表 4-13　几种常用淬火介质的冷却能力

冷却介质	冷却速度/℃·s⁻¹		冷却介质	冷却速度/℃·s⁻¹	
	650～550℃	300～200℃		650～550℃	300～200℃
水（18℃）	600	270	10% NaCl 水溶液	1100	300
水（26℃）	500	270	10% NaON 水溶液	1200	300
水（50℃）	100	270	10% Na_2CO_3 水溶液	800	270
水（74℃）	30	200	10% Na_2SO_4 水溶液	750	300
肥皂水	30	200	矿物油	150	30
10% 油乳化液	70	200	变压器油	120	25

表 4-14　热处理实验数据记录表

牌号	热处理工艺			硬度值 HRC 或 HRB				换算为 HBW	预计组织
	加热温度/℃	冷却方法	回火温度/℃	1	2	3	平均		
45	860	炉冷							
		空冷							
		油冷							
		水冷							
		水冷	200						
		水冷	400						
		水冷	600						
	750	水冷							
T12	780	炉冷							
		空冷							
		油冷							
		水冷							
		水冷	200						
		水冷	400						
		水冷	600						
	1000	水冷							

五、实验步骤

1. 每班分为两组，每组一套试样（45 钢和 T12 钢试样各 8 块），炉冷试样可由实验室事先处理好。

2. 将 6 块 45 钢试样和 6 块 T12 钢试样分别放入 860℃和 780℃炉内加热，保温 15～20min，分别进行水冷、油冷和空冷的热处理操作。

将45钢试样一块放入750℃炉内、T12钢试样一块放入1000℃炉内，分别加热15～20min后水冷。

3. 将45钢（860℃加热、水冷）和T12钢（780℃加热、水冷）试样各取出三块分别放入200℃、400℃和600℃炉内进行回火，保温30min，然后空冷。

4. 热处理后的试样用砂纸磨去端面氧化皮，然后测定硬度（HRC或HRB）。每个试样测三点，然后取平均值，并将本人及其他同学的数据填入表4-14内。

六、实验报告要求

1. 明确实验目的。

2. 列出全套硬度数据，并换算为HBW值，填入表4-14内。

3. 根据热处理原理，预计各种热处理后的组织，并填入表4-14内。

4. 分析含碳量、加热温度、冷却方式及淬火后回火温度对碳钢性能（硬度）的影响。

实验六　合金钢、铸铁、有色金属的显微组织观察

一、实验目的

1. 观察分析几种常用合金钢、铸铁及有色金属的显微组织。

2. 了解材料成分、组织和性能之间的关系及应用。

二、实验设备及试样

1. 金相显微镜。

2. 金相试样：①高速钢（W18Cr4V）铸态组织、退火组织、淬火及回火组织，奥氏体不锈钢（12Cr18Ni9）固溶处理组织；②各种基体的灰铸铁、球墨铸铁、可锻铸铁；③ZAlSi12 变质处理前后的组织，单相黄铜、双相黄铜的退火组织。

三、实验概述

（一）常用合金钢的显微组织及特征

合金钢按合金元素含量的不同可分为三种：$w_{Me}<5\%$ 的低合金钢、$w_{Me}=5\%\sim10\%$ 的中合金钢、$w_{Me}>10\%$ 的高合金钢。

在钢中加入合金元素，通常会引起以下三方面的变化：

1）铁碳相图变动，会使相变临界点（A_1、A_3、A_{cm}）升高或降低，使 S 点、E 点左移。合金钢平衡组织中各相的相对量会与碳钢不同，但同种类型的组织其形态并没有本质的区别。

2）等温转变曲线右移（除 Co 外），即合金钢可以较低的冷却速度得到马氏体，热处理的工艺方法有所不同，但相同类型的组织形态完全相同。

3）耐回火性提高。由于合金元素推迟了回火过程中的组织转变，与碳钢相比，相同类型的组织其回火温度会不同，但形态无显著差别。

综上所述，一般低合金钢与碳钢的组织差异不大，本实验以高合金钢的显微组织观察为主。

1. 高速钢（W18Cr4V）

W18Cr4V 是高速钢中应用最广泛的一种，热处理后具有高的热硬性和耐磨性，适于作高速切削或加工高强度高韧性材料的刃具。

高速钢中含有大量的合金元素，使铁碳相图中的 E 点强烈左移，虽然碳的质量分数只有 0.7%～0.8%，但已属于莱氏体钢。

（1）铸态组织　如图 4-27 所示，晶粒心部为极细的共析组织，呈黑色；外层为马氏体及残留奥氏体，呈白色。晶界附近为共晶莱氏体，由合金碳化物与马氏体或托氏体组成，其中白色鱼骨状为碳化物，不能靠热处理消除，必须靠锻造来打碎。

（2）退火组织　锻造后采用 860～880℃加热，保温后缓冷至室温得到如图 4-28 所示的退火组织，为索氏体基体上分布着合金碳化物。

（3）淬火及回火组织　高速钢优良的热硬性及高的耐磨性只有经过淬火及回火后才能获得。采用 1280℃加热，油冷或分级冷却，淬火后的组织由合金化程度较高的马氏体、大

量残留奥氏体（达20%～30%）及未溶的合金碳化物组成，如图4-29所示。为了消除残留奥氏体，一般进行三次约560℃的回火。其组织为回火马氏体、合金碳化物及少量残留奥氏体，如图4-30所示。

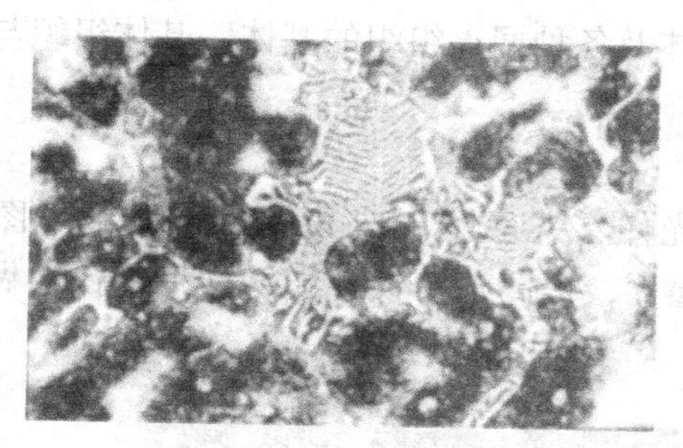

图4-27　W18Cr4V钢铸态组织
（4%硝酸酒精浸蚀　400×）

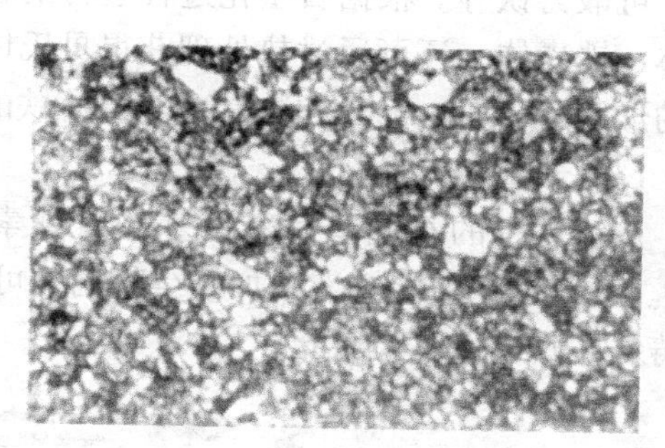

图4-28　W18Cr4V钢退火组织
（4%硝酸酒精浸蚀　1000×）

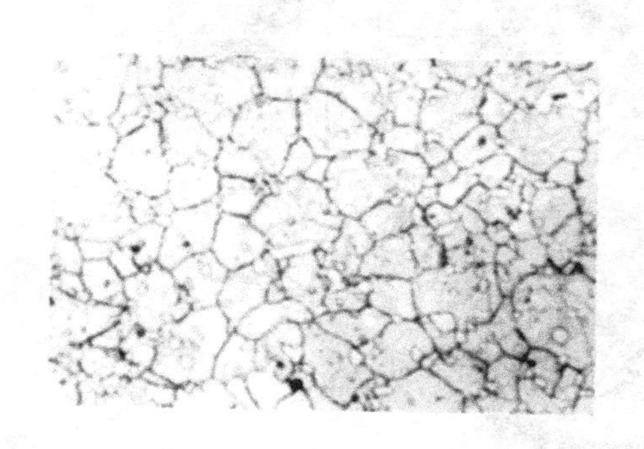

图4-29　W18Cr4V钢淬火组织
（4%硝酸酒精浸蚀　1000×）

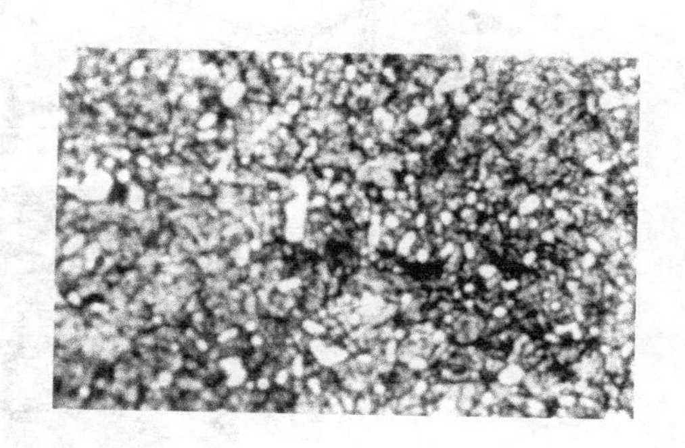

图4-30　W18Cr4V钢淬火后三次回火组织
（4%硝酸酒精浸蚀　1000×）

2. 奥氏体不锈钢（12Cr18Ni9）

奥氏体不锈钢的典型成分是$w_{Cr}=17\%\sim19\%$、$w_{Ni}=8\%\sim11\%$和极低的含碳量。Cr的加入可提高基体的电极电位，Cr、Ni的配合可使钢在室温下具有奥氏体组织。碳的存在会使组织中出现碳化物（$Cr_{23}C_6$），减少奥氏体中Cr的含量，削弱耐蚀性。通过固溶处理，即将钢加热到1000～1100℃，会使$Cr_{23}C_6$全部溶入奥氏体中，再经快速冷却，抑制碳化物析出，就可在室温下获得单相奥氏体组织，如图4-31所示。

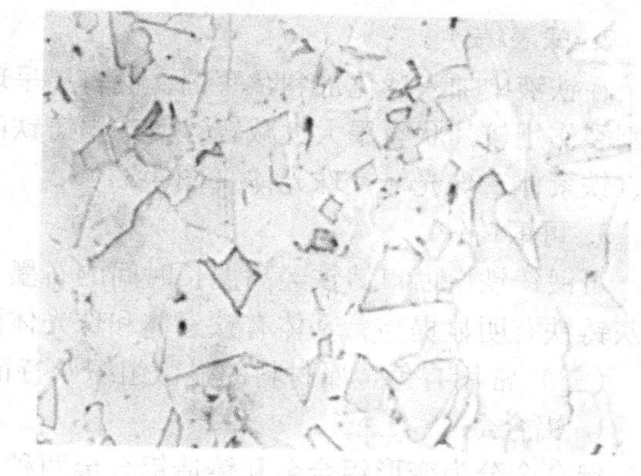

图4-31　12Cr18Ni9钢组织固溶处理后
（氯化高铁盐酸水溶液浸蚀　800×）

（二）铸铁的显微组织

$w_C>2.11\%$的铁碳合金称为铸铁。依照结晶过程中石墨化程度的不同，铸铁可分为白口铸铁、灰口铸铁和麻口铸铁三种类型。白口铸铁中碳全部以渗碳体状态存在，断口呈银白色，硬而脆，主要用作炼钢原料；灰口铸铁中碳主要以石墨状态存在，断口呈暗灰色；麻口铸铁的组织介于白口和灰口之间，碳可同时以石墨及渗碳体形式存在。根据石墨的形态不同，又可将铸铁分为灰铸铁、球墨铸铁、可锻铸铁等。根据石墨化过程进行的程度不同，铸铁的基体组织有珠光体、铁素体、珠光体+铁素体，还可通过热处理获得贝氏体、马氏体及各种回火组织的基体。基体组织与石墨的形态、分布、大小和数量决定着铸铁的性能。

1. 灰铸铁

灰铸铁中的石墨呈片状，基体有铁素体、珠光体、铁素体+珠光体三种类型（图4-32）。若在浇注前向铁液中加入孕育剂，可细化石墨片，提高灰铸铁性能，这种铸铁叫做孕育铸铁，其基体多为珠光体。

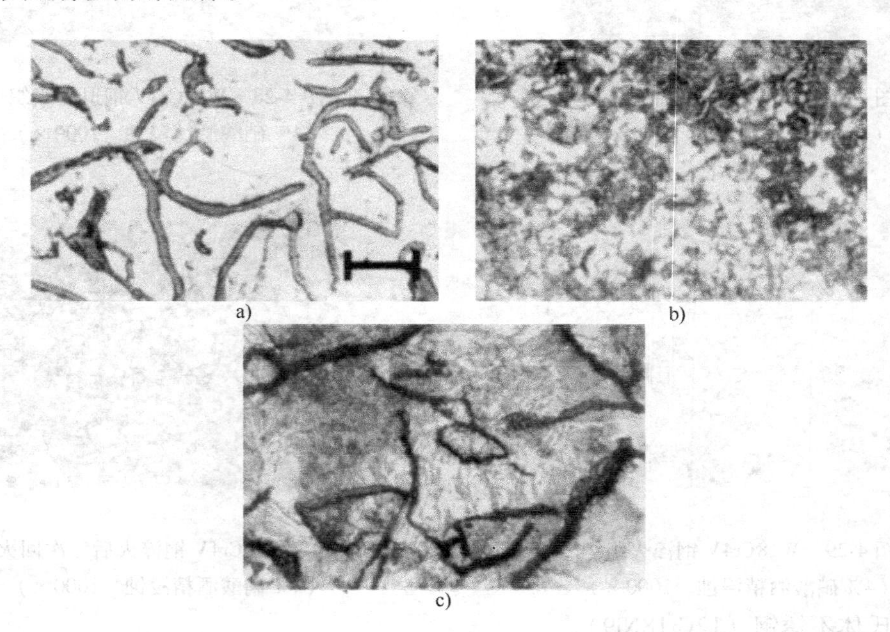

图4-32 不同基体组织的灰铸铁（4%硝酸酒精溶液浸蚀）

a）铁素体基体 400× b）珠光体+铁素体基体 400× c）珠光体基体 800×

2. 球墨铸铁

在铁液中加入球化剂和孕育剂，使石墨呈球状析出，即得到球墨铸铁。球状石墨对基体的割裂作用较片状石墨大大减轻，使球墨铸铁的力学性能大大提高。球墨铸铁的基体有铁素体、铁素体+珠光体及珠光体（图4-33）。

3. 可锻铸铁

可锻铸铁由白口铸铁经高温长时间的石墨化退火而得到，其中石墨呈团絮状析出，性能较灰铸铁有明显提高，基体有铁素体和珠光体两种（图4-34）。

（三）常用有色金属材料的显微组织及特征

1. 铝合金

铝合金分为变形铝合金和铸造铝合金两种类型。在变形铝合金中，按成分还可以分为可热处理强化的铝合金和不可热处理强化的铝合金。

铝硅合金是应用最广泛的一种铸造铝合金，典型牌号为ZAlSi12，其中w_{Si}=11%～

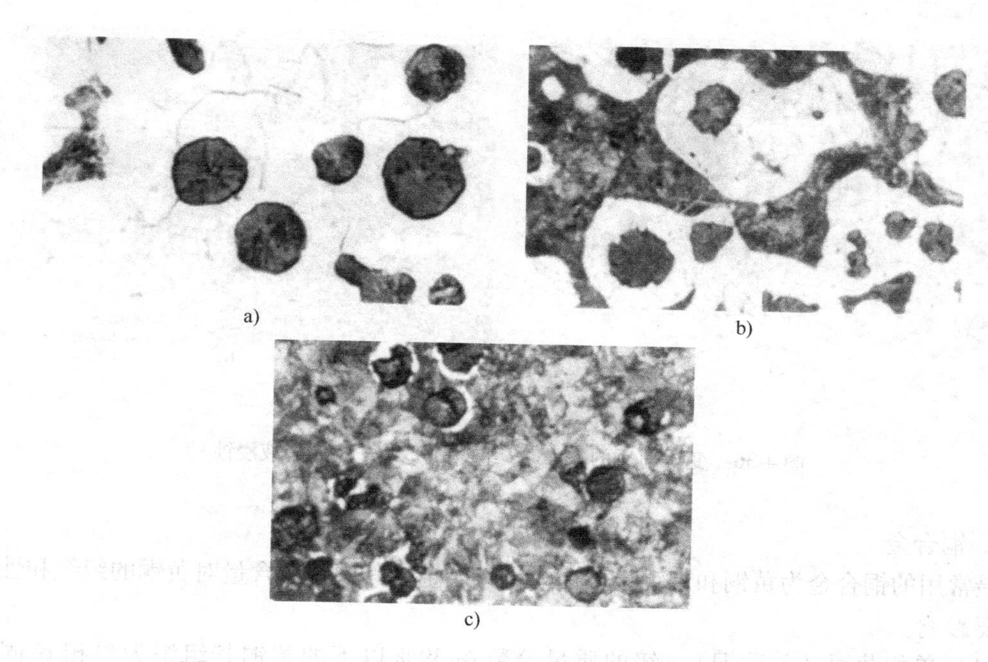

图 4-33　不同基体组织的球墨铸铁（4% 硝酸酒精溶液浸蚀）
a）铁素体基体　800 ×　b）珠光体 + 铁素体基体　400 ×　c）珠光体基体　400 ×

13%。从 Al-Si 相图（图 4-35）可知，该合金成分在共晶点附近，具有优良的铸造性能，但铸造后得到的组织是由粗大针状的硅晶体和 α 固溶体所组成的共晶体及少量呈多面体状的初生硅晶体（图 4-36a）。粗大的硅晶体极脆，使合金的塑性和韧性明显下降。工业中常将钠或钠盐于合金浇注前加入，进行变质处理，可使硅晶体显著细化，同时使相图中共晶点向右下方移动，使该成分的合金变为亚共晶成分，室温组织为树枝状均匀分布的 α 初晶及细粒状 Si 与基体组成的（α + Si）共晶（图 4-36b）。

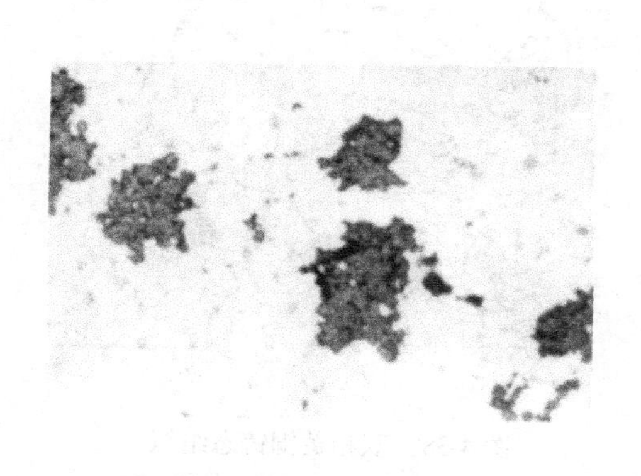

图 4-34　铁素体可锻铸铁
（4% 硝酸酒精溶液浸蚀　250 ×）

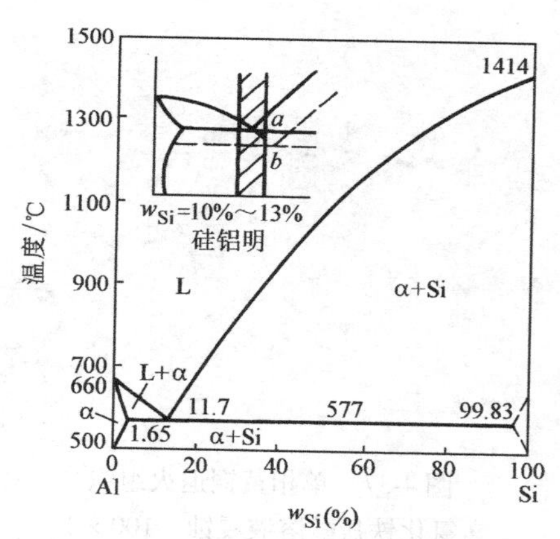

图 4-35　Al-Si 合金相图

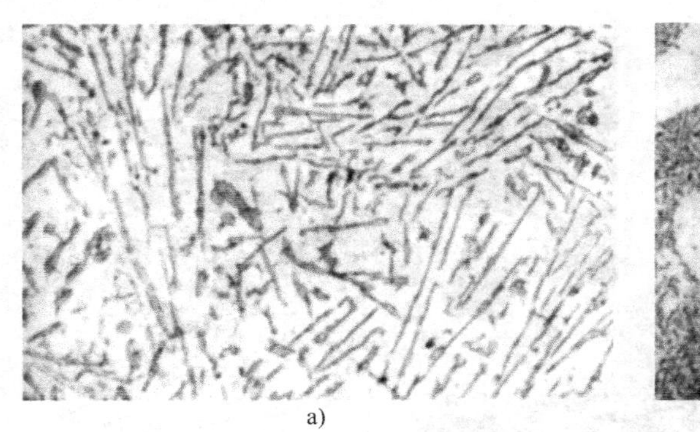

a)

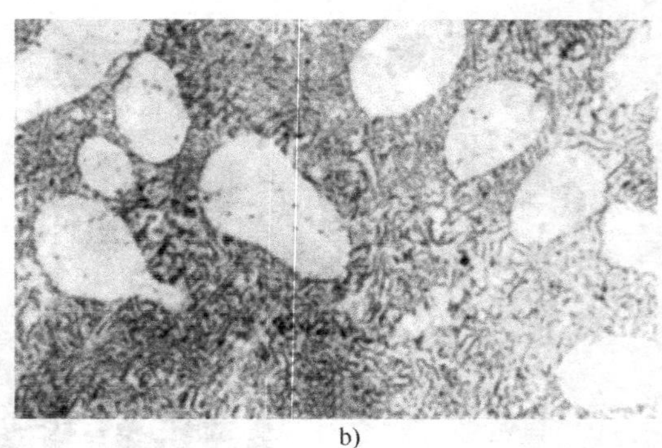

b)

图4-36 变质前后的ZAlSi12组织（0.5% HF水溶液浸蚀）
a）变质前 100× b）变质后 400×

2. 铜合金

最常用的铜合金为黄铜和青铜，黄铜为铜锌合金，其中锌的含量对黄铜的组织和性能具有重要影响。

（1）单相黄铜（α黄铜） 锌的质量分数在39%以下的黄铜其组织为单相α固溶体（Zn溶于Cu中形成的固溶体）。这种黄铜的塑性和耐蚀性都很好，适于做各种深冲零件，其退火态组织特征如图4-37所示。

（2）双相黄铜（α+β′） 锌的质量分数在39%～45%的黄铜具有两相组织，β′相是以CuZn电子化合物为基的有序固溶体，低温下硬且脆，高温时转变为无序固溶体β，具有良好的塑性，所以双相黄铜适于进行热加工。随着锌含量的增加，双相黄铜中β′相的相对量增多。如图4-38所示，β′相呈暗黑色，α相为明亮色。α相的形态及分布与合金的成分及冷速有关。

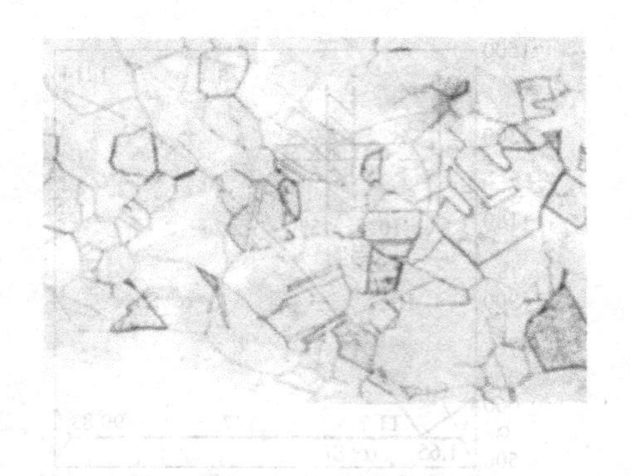

图4-37 单相黄铜退火组织
（氯化铁盐酸溶液浸蚀 100×）

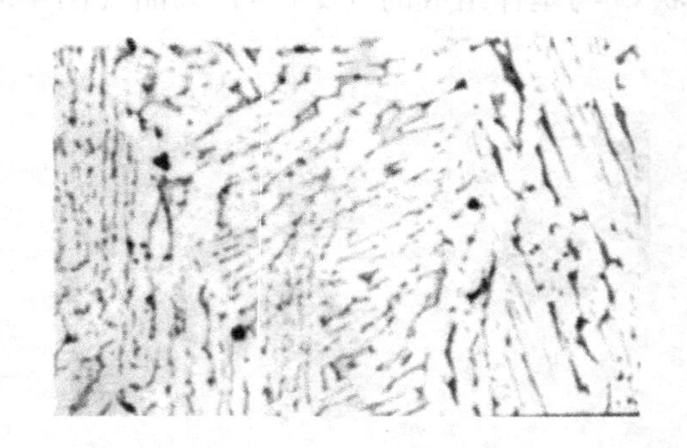

图4-38 双相黄铜铸态组织
（氯化铁盐酸溶液浸蚀 100×）

3. 轴承合金（锡基轴承合金）

锡基轴承合金是以锡为基本组元并含有锑和铜的轴承合金。这类合金具有很小的摩擦因数，优良的抗咬合性、嵌藏性和对润滑油的耐蚀性，是一种优良的轴承材料，广泛用于工作条件很繁重的轴承上。ZSnSb11Cu6 和 ZSnSb4Cu4 是两类具有代表性的锡基轴承合金。图 4-39 所示为 ZSnSb11Cu6 的显微组织，其特点是在软的基体上分布着硬质点，软基体是 α 固溶体（Sb 溶于 Sn 形成的固溶体），呈暗黑色；硬质点是白色方块状的 β′相（以化合物 SnSb 为基的固溶体）；白色星状物（或针状）是化合物 Cu_6Sn_5（γ 相），也起硬质点作用，而且由于 γ 相密度与液相接近，结晶时不会产生密度偏析，在液相中均匀分布并搭成骨架的针状 γ 初晶还能阻止随后结晶出的密度较小的 β′相晶体上浮。

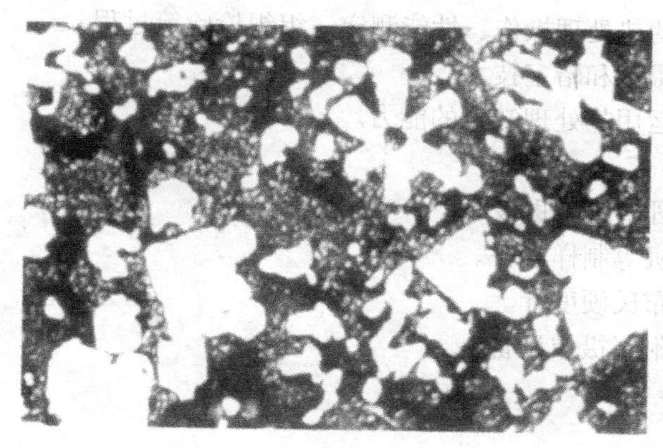

图 4-39　锡基轴承合金 ZSnSb11Cu6 的显微组织
（4% 硝酸酒精溶液浸蚀　100×）

四、实验内容

观察本实验所提供试样的显微组织，了解其组织形态特征。

五、实验报告要求

1. 明确实验目的。
2. 画出所观察试样的显微组织示意图，并标出组织组成物的名称。
3. 分析 W18Cr4V 钢采用 1280℃ 淬火及 560℃ 三次高温回火的原因。
4. 分析讨论各类铸铁组织的特点，并与钢的组织作对比，指出铸铁的性能和用途的特点。

实验七　综 合 实 验

一、实验目的

1. 了解金属材料的热处理操作、性能测定、组织检验等过程。

2. 初步掌握金相摄影和暗室技术。

3. 提高学生综合运用热处理知识的能力。

二、实验设备

1. 中温箱式热处理炉及辅助设备。

2. 砂轮机、抛光机等制样设备。

3. 洛氏硬度计、布氏硬度计。

4. 金相显微镜及附属摄像设备。

5. 暗室设备。

三、实验内容

1. 热处理操作

将45钢、40Cr钢试样毛坯进行正火或淬火处理，每人选择一种材料、一种热处理工艺。热处理工艺参数由自己制订，用中温箱式炉进行热处理操作。

2. 硬度测定

对热处理后的试样测试硬度。正火、淬火的试样硬度值范围不同，运用所学知识判断应选择布氏硬度计还是洛氏硬度计。

3. 磨制金相试样

把试样按照试样制备程序磨制成金相试样，浸蚀后吹干。

4. 金相摄像

金相摄像时，将照明光线照射到试样磨面上。由磨面反射回来的光线通过物镜、照相目镜及快门到达照相机内的底片上，进行曝光。曝光时间与光源强度、光圈大小、滤色片、放大倍数、感光胶片、试样组织等因素有关，可通过试验确定。本次实验的有关参数如下：XJZ—1型金相显微镜，GB21°120全色胶卷，光源电压6V，光圈光斑直径ϕ5mm，绿色滤色片，物镜放大倍数45，照相目镜放大倍数为6.4，曝光时间通常为30～45s。

金相摄像的操作过程如下：

1）将胶卷装入金相摄像机内。

2）将显微镜反光镜拉出，在照相观察目镜中选择所需照相的合适视场。

3）调节焦距，使成像清晰。

4）扳动快门保险一次。

5）打开快门，使底片曝光。

6）关闭快门。

5. 底片冲洗

（1）显影　用D—72通用显影粉配制显影液，显影温度为20℃左右，显影操作在全黑环境下进行。将胶片浸湿后放入显影液中，显影时间通常为 3 ~ 5min。

（2）定影　用酸性定影粉配制定影液，定影液温度为 20℃左右。将胶片从显影液中拿出后在清水盘中涮一涮，放到定影液中，定影时间为 10min 左右。定影后期可在亮处观察，底片透明以后即为定影完毕。

（3）清水冲洗　底片定影后用流动水冲洗 10min，然后挂起晾干。

6. 印相

印相在红灯下进行。3 号相纸最为常用，要求反差大一些时采用 4 号相纸。曝光时先将底片放在曝光机上，药面朝上，将印相纸药面向下扣在底片上，即使两者的药面相接触。曝光时间根据试样确定，显影、定影、清水冲洗与底片的显影、定影、清水冲洗相同。水洗完毕后，如果是塑光相纸，直接把照片晾干即可；如果是普通相纸，还需要在上光机上进行烘干上光。把照片的正面接触上光板，即正面朝下、背面朝上，用帆布盖上后，用专用滚子推几下，使照片与上光板接触。照片干燥后即可。

四、实验报告要求

1. 简述实验过程。
2. 附上所拍摄的金相照片。
3. 分析显微组织。

附　录

附表1　国内外部分牌号对照

钢类＼牌号＼国别	中国 GB	美国 ASTM	日本 JIS	原联邦德国 DIN W-Nr	前苏联 ГОСТ	其他
碳素结构钢	10	1010	S10C	C10	10	法 XC10
	20	1020	S20C	C22	20	法 C20
	45	1045	S45C	C45	45	法 C45
合金结构钢	15Mn	C1115	SB46	14Mn4	14Г	
	30Mn	C1052	—	—	30Г	
	20Mn2	1320	SMn21	20Mn5	—	—
	40Mn2	1340	SMn22	—	—	法 40M5
	20MnV	—	—	20MnV6	—	—
	20Cr	5120	SCr22	20Cr4	20X	—
	40Cr	5140	SCr4	41Cr4	40X	—
	20CrMnTi	—	SMK22	—	20XГT	—
	30CrMnSiA	—	—	—	30XГCA	—
	20CrMo	—	SCM22	—	20XM	—
	35CrMo	E4132	SCM3	34CrMo4	35XM	法 35CD4，英 En19B
	35CrMoV	—	—	35CrMoV5	35XMф	—
	38CrMoAlA	—	SACM1	34CrAlMo5	38XMЮA	英 En41B
	40B	TS14B35	—	—	—	—
	45MnB	50B44	—	—	—	—
	12CrNi3A	E3310	SNC22	14NiCr14	12XH3A	法 14NC12，英 En36A
	30CrNi3A	3435	SNC2	28CrNi10	30XH3A	法 30NC11
	40CrNiMoA	4030	CNCM8	36CrNiMo4	40XHMA	法 35NCD5
弹簧钢	60SiMn	9260	SUP6	60SiMn6	60CГ	英 En45A
	55Si2Mn	9255	—	55SiMn7	55C2Г	英 En45
	60Si2Mn	—	SUP7	60SiMn7	60C2Г	—
	50CrVA	6150	SUP10	50CrV4	50XфA	英 En47
滚动轴承钢	GCr9	51100	SUJ1	105Cr4	ШX9	瑞典 SKF13
	GCr15	52100	SUJ2	105Cr6	ШX15	瑞典 SKF3
	GCr15SiMn	—	SUJ3	100CrMn6	ШX15CГ	瑞典 SKF2

（续）

牌号　国别 钢类	中国 GB	美国 ASTM	日本 JIS	原联邦德国 DIN W-Nr	前苏联 ГОСТ	其他
碳素工具钢	T8	W1-0.8C	SKU3	C85W2	У8	—
	T10A	W1-1.0C	SK3	C100W1	У10A	—
	T12	W1-1.2C	SK2	C115W2	У12	—
合金工具钢	Cr12	—	SKD1	X210Cr12	X12	法 Z200C12
	5CrNiMo	L6	SKT4	55NiMo6	5XHM	—
	3Cr2W8V	H21	SKD5	X30WCrV9-3	3X2B8ф	—
	CrWMn	—	SKS31	105WCr6	XBГ	—
	Cr12MoV	D3	SKD11	X165CrMoV12	X12Mф	—
	9SiCr	—	—	90CrSi5	9XC	—
高速钢	W9Cr4V	T7	SKH6	ABCⅡ	P9	法 Z70WD12
	W18Cr4V	T1	SKH2	S18-0-1	P18	法 Z80W18
	W6Mo5Cr4V3	M3	SKH53	S6-5-3	—	—
	W2Mo9Cr4VCo8	M42	—	—	—	—
	W10Mo4Cr4V3Co10①	—	SKH57	S10-4-3-10	—	—
	FW12Cr4V5Co5②	CPMT15	—	—	—	—
不锈耐酸钢	06Cr13	410S	—	X7Cr13	0X13	—
	10Cr17	430	SUS429	X8Cr17	—	瑞典 2301
	12Cr13	410	SUS410	X10Cr13	1X13	英 430S15
	20Cr13	420	SUS420J	X20Cr13	—	瑞典 2302
	14Cr17Ni2	431	SUS431	X22CrNi17	1X17H2	英 420S37
	95Cr18	440B	SUS440B	—	9X18	英 431S29
	06Cr19Ni10	304	SUS304	X12CrNi189	0X18H9	—
	12Cr18Ni9	302	SUS40	X12CrNi189	1X18H9	英 En58A
	06Cr18Ni11Ti	321	SUS29	X10CrNiTi189	1X18H9T	英 En58B
	022Cr17Ni12Mo2	316L	SUS316L	X2CrNiMo1810	—	英 304S15
	07Cr17Ni7Al	631	SUS631	X7CrNiAl177	—	—
耐热钢	—	A213	STBA22	13CrMo44	15XM	英 3604-620
	42Cr9Si2	HNV3	SUH1	X45CrSi9	4X9C2	—
	13Cr11Ni2W2MoV	616	SUH616	—	1X12H2BMф	—
	53Cr21Mn9Ni4N	EV8（21-4N）	SUH35	X53CrMnNiN219	G-X40CNi	英 349S52

① 超硬型。

② 超硬型粉末高速钢。

附表2 常用结构钢退火及正火工艺规范

牌号	临界温度/℃			退火			正火	
	Ac_1	Ac_3	Ar_1	加热温度/℃	冷却	HBW	加热温度/℃	HBW
35	724	802	680	850~880	炉冷	≤187	860~890	≤191
45	724	780	682	800~840	炉冷	≤197	840~870	≤226
45Mn2	715	770	640	810~840	炉冷	≤217	820~860	187~241
40Cr	743	782	693	830~850	炉冷	≤207	850~870	≤250
35CrMo	755	800	695	830~850	炉冷	≤229	850~870	≤241
40MnB	730	780	650	820~860	炉冷	≤207	850~900	≤197~207
40CrNi	731	769	660	820~850	炉冷（<600℃）	—	870~900	≤250
40CrNiMoA	732	774	—	840~880	炉冷	≤229	890~920	—
65Mn	726	765	689	780~840	炉冷	≤229	820~860	≤269
60Si2Mn	755	810	700	—	—	—	830~860	≤254
50CrV	752	788	688	—	—	—	850~880	≤288
20	735	855	680	—	—	—	890~920	≤156
20Cr	766	838	702	860~890	炉冷	≤179	870~900	≤270
20CrMnTi	740	825	650	—	—	—	950~970	≤156~207
20CrMnMo	710	830	620	850~870	炉冷	≤217	870~900	—
38CrMoAlA	800	940	730	840~870	炉冷	≤229	930~970	—

附表3 常用工具钢退火及正火工艺规范

牌号	临界温度/℃			退火			正火	
	Ac_1	Ac_m	Ar_1	加热温度/℃	等温温度/℃	HBW	加热温度/℃	HBW
T8A	730	—	700	740~760	650~680	≤187	760~780	241~302
T10A	730	800	700	750~770	680~700	≤197	800~850	255~321
T12A	730	820	700	750~770	680~700	≤207	850~870	269~341
9Mn2V	736	765	652	760~780	670~690	≤229	870~880	—
9SiCr	770	870	730	790~810	700~720	197~241	—	—
CrWMn	750	940	710	770~790	680~700	207~255	—	—
GCr15	745	900	700	790~810	710~720	207~229	900~950	270~390
Cr12MoV	810	—	760	850~870	720~750	207~255	—	—
W18Cr4V	820	—	760	850~880	730~750	207~255	—	—
W6Mo5Cr4V2	845~880		805~740	850~870	740~750	≤255	—	—
5CrMnMo	710	760	650	850~870	~680	197~241	—	—
5CrNiMo	710	770	680	850~870	~680	197~241	—	—
3Cr2W8	820	1100	790	850~860	720~740	—	—	—

附表 4 常用牌号回火温度与硬度对照表

牌号	淬火规范			回火温度 /℃												备注
	加热温度/℃	冷却介质	硬度	180±10	240±10	280±10	320±10	360±10	380±10	420±10	480±10	540±10	580±10	620±10	650±10	
				硬度 HRC												
35	860±10	水	>50	51±2	47±2	45±2	43±2	40±2	38±2	35±2	33±2	28±2	—	—	—	
45	830±10	水	>50	56±2	53±2	51±2	48±2	45±2	43±2	38±2	34±2	30±2	250±20HBW	220±20HBW	—	
T8、T8A	790±10	水-油	>62	62±2	58±2	56±2	54±2	51±2	49±2	45±2	39±2	34±2	29±2	25±2	—	
T10、T10A	780±10	水-油	>62	63±2	59±2	57±2	55±2	52±2	50±2	46±2	41±2	36±2	30±2	62±2	—	
40Cr	850±10	油	>55	54±2	53±2	52±2	50±2	49±2	47±2	44±2	41±2	36±2	31±2	260HBW	—	具有回火脆性的钢如40Cr、65Mn、30CrMnSi等，在中温或高温回火后用清水或油冷却
50CrVA	850±10	油	>60	58±2	56±2	54±2	53±2	51±2	49±2	47±2	43±2	40±2	36±2	—	30±2	
60Si2MnA	870±10	油	>60	60±2	58±2	56±2	55±2	54±2	52±2	50±2	44±2	35±2	30±2	—	—	
65Mn	820±10	油	>60	58±2	56±2	54±2	52±2	50±2	47±2	44±2	40±2	34±2	32±2	28±2	—	
5CrMnMo	840±10	油	>52	55±2	53±2	52±2	48±2	45±2	44±2	44±2	43±2	38±2	36±2	34±2	32±2	
30CrMnSi	860±10	油	>48	48±2	48±2	47±2	—	43±2	42±2	—	—	36±2	—	30±2	26±2	
GCr15	850±10	油	>62	61±2	59±2	58±2	55±2	53±2	52±1	50±2	—	41±2	—	30±2	—	
9SiCr	850±10	油	>62	62±2	60±2	58±2	57±2	56±2	55±1	52±2	51±2	45±2	—	—	—	
CrWMn	830±10	油	>62	61±2	58±2	57±2	55±2	54±2	52±2	50±2	46±2	44±2	—	—	—	
9Mn2V	800±10	油	>62	60±2	58±2	56±2	54±2	51±2	49±2	41±2	—	—	—	—	—	
3Cr2W8	1100	分级，油	~48	—	—	—	—	—	—	—	46±2	48±2	48±2	43±2	41±2	一般采用560~580℃回火二次
Cr12	980±10	分级，油	>62	62	59±2	—	57±2	—	—	55±2	—	52±2	—	—	45±2	
Cr12Mo	1030±10	分级，油	>62	62	62	60	—	57±2	—	—	—	53±2	—	—	45±2	一般采用560℃回火三次，每次1h
W18Cr4V	1270±10	分级，油	>64	—	—	—	—	—	—	—	—	—	—	—	—	

注：1. 水冷剂为10% NaCl水溶液。

2. 淬火加热在盐浴炉内进行，回火在井式炉内进行。

3. 回火保温时间，一般碳钢采用60~90min，合金钢采用90~120min。

附表 5　压痕平均直径与试样最小厚度关系表

(mm)

压痕平均直径 d	试样最小厚度			
	球直径 D			
	$D=1$	$D=2.5$	$D=5$	$D=10$
0. 2	0. 08	—	—	—
0. 3	0. 18	—	—	—
0. 4	0. 33	—	—	—
0. 5	0. 54	—	—	—
0. 6	0. 80	0. 29	—	—
0. 7	—	0. 40	—	—
0. 8	—	0. 53	—	—
0. 9	—	0. 67	—	—
1. 0	—	0. 83	—	—
1. 1	—	1. 02	—	—
1. 2	—	1. 23	0. 58	—
1. 3	—	1. 46	0. 69	—
1. 4	—	1. 72	0. 80	—
1. 5	—	2. 00	0. 92	—
1. 6	—	—	1. 05	—
1. 7	—	—	1. 19	—
1. 8	—	—	1. 34	—
1. 9	—	—	1. 50	—
2. 0	—	—	1. 67	—
2. 2	—	—	2. 04	—
2. 4	—	—	2. 46	1. 17
2. 6	—	—	2. 92	1. 38
2. 8	—	—	3. 43	1. 60
3. 0	—	—	4. 00	1. 84
3. 2	—	—	—	2. 10
3. 4	—	—	—	2. 38
3. 6	—	—	—	2. 68
3. 8	—	—	—	3. 00
4. 0	—	—	—	3. 34
4. 2	—	—	—	3. 70
4. 4	—	—	—	4. 08
4. 6	—	—	—	4. 48
4. 8	—	—	—	4. 91
5. 0	—	—	—	5. 36
5. 2	—	—	—	5. 83
5. 4	—	—	—	6. 33
5. 6	—	—	—	6. 86
5. 8	—	—	—	7. 42
6. 0	—	—	—	8. 00

附表 6　平面布氏硬度值计算表

球直径 D/mm				试验力-压头球直径平方的比率 $0.102\times F/D^2$					
				30	15	10	5	2.5	1
				试验力 F/N					
10	—	—	—	29420	14710	9807	4903	2452	980.7
—	5	—	—	7355	—	2452	1226	612.9	245.2
—	—	2.5	—	1839	—	612.9	306.5	153.2	61.29
—	—	—	1	294.2	—	98.07	49.03	24.52	9.807
压痕平均直径 d/mm				布氏硬度 HBW					
2.40	1.200	0.6000	0.240	653	327	218	109	54.5	21.8
2.41	1.205	0.6024	0.241	648	324	216	108	54.0	21.6
2.42	1.210	0.6050	0.242	643	321	214	107	53.5	21.4
2.43	1.215	0.6075	0.243	637	319	212	106	53.1	21.2
2.44	1.220	0.6100	0.244	632	316	211	105	52.7	21.1
2.45	1.225	0.6125	0.245	627	313	209	104	52.2	20.9
2.46	1.230	0.6150	0.246	621	311	207	104	51.8	20.7
2.47	1.235	0.6175	0.247	616	308	205	103	51.4	20.5
2.48	1.240	0.6200	0.248	611	306	204	102	50.9	20.4
2.49	1.245	0.6225	0.249	606	303	202	101	50.5	20.2
2.50	1.250	0.6250	0.250	601	301	200	100	50.1	20.0
2.51	1.255	0.6275	0.251	597	298	199	99.4	49.7	19.9
2.52	1.260	0.6300	0.252	592	296	197	98.6	49.3	19.7
2.53	1.265	0.6325	0.253	587	294	196	97.8	48.9	19.6
2.54	1.270	0.6350	0.254	582	291	194	97.1	48.5	19.4
2.55	1.275	0.6375	0.255	578	289	193	96.3	48.1	19.3
2.56	1.280	0.6400	0.256	573	287	191	95.5	47.8	19.1
2.57	1.285	0.6425	0.257	569	284	190	94.8	47.4	19.0
2.58	1.290	0.6450	0.258	564	282	188	94.0	47.0	18.8
2.59	1.295	0.6475	0.259	560	280	187	93.3	46.6	18.7
2.60	1.300	0.6500	0.260	555	278	185	92.6	46.3	18.5
2.61	1.305	0.6525	0.261	551	276	184	91.8	45.9	18.4
2.62	1.310	0.6550	0.262	547	273	182	91.1	45.6	18.2
2.63	1.315	0.6575	0.263	543	271	181	90.4	45.2	18.1
2.64	1.320	0.6600	0.264	538	269	179	89.7	44.9	17.9
2.65	1.325	0.6625	0.265	534	267	178	89.0	44.5	17.8
2.66	1.330	0.6650	0.266	530	265	177	88.4	44.2	17.7
2.67	1.335	0.6675	0.267	526	263	175	87.7	43.8	17.5
2.68	1.340	0.6700	0.268	522	261	174	87.0	43.5	17.4
2.69	1.345	0.6725	0.269	518	259	173	86.4	43.2	17.3
2.70	1.350	0.6750	0.270	514	257	171	85.7	42.9	17.1
2.71	1.355	0.6775	0.271	510	255	170	85.1	42.5	17.0
2.72	1.360	0.6800	0.272	507	253	169	84.4	42.2	16.9
2.73	1.365	0.6825	0.273	503	251	168	83.8	41.9	16.8
2.74	1.370	0.6850	0.274	499	250	166	83.2	41.6	16.6
2.75	1.375	0.6875	0.275	495	248	165	82.6	41.3	16.5
2.76	1.380	0.6900	0.276	492	246	164	81.9	41.0	16.4
2.77	1.385	0.6925	0.277	488	244	163	81.3	40.7	16.3
2.78	1.390	0.6950	0.278	485	242	162	80.8	40.4	16.2
2.79	1.395	0.6975	0.279	481	240	160	80.2	40.1	16.0

（续）

球直径 D/mm				试验力-压头球直径平方的比率 $0.102\times F/D^2$					
				30	15	10	5	2.5	1
				试验力 F/N					
10	—	—	—	29420	14710	9807	4903	2452	980.7
—	5	—	—	7355	—	2452	1226	612.9	245.2
—	—	2.5	—	1839	—	612.9	306.5	153.2	61.29
—	—	—	1	294.2	—	98.07	49.03	24.52	9.807
压痕平均直径 d/mm				布氏硬度 HBW					
2.80	1.400	0.7000	0.280	477	239	159	79.6	39.8	15.9
2.81	1.405	0.7025	0.281	474	237	158	79.0	39.5	15.8
2.82	1.410	0.7050	0.282	471	235	157	78.4	39.2	15.7
2.83	1.415	0.7075	0.283	467	234	156	77.9	38.9	15.6
2.84	1.420	0.7100	0.284	464	232	155	77.3	38.7	15.5
2.85	1.425	0.7125	0.285	461	230	154	76.8	38.4	15.4
2.86	1.430	0.7150	0.286	457	229	152	76.2	38.1	15.2
2.87	1.435	0.7175	0.287	454	227	151	75.7	37.8	15.1
2.88	1.440	0.7200	0.288	451	225	150	75.1	37.6	15.0
2.89	1.445	0.7225	0.289	448	224	149	74.6	37.3	14.9
2.90	1.450	0.7250	0.290	444	222	148	74.1	37.0	14.8
2.91	1.455	0.7275	0.291	441	221	147	73.6	36.8	14.7
2.92	1.460	0.7300	0.292	438	219	146	73.0	36.5	14.6
2.93	1.465	0.7325	0.293	435	218	145	72.5	36.3	14.5
2.94	1.470	0.7350	0.294	432	216	144	72.0	36.0	14.4
2.95	1.475	0.7375	0.295	429	215	143	71.5	35.8	14.3
2.96	1.480	0.7400	0.296	426	213	142	71.0	35.5	14.2
2.97	1.485	0.7425	0.297	423	212	141	70.5	35.3	14.1
2.98	1.490	0.7450	0.298	420	210	140	70.1	35.0	14.0
2.99	1.495	0.7475	0.299	417	209	139	69.6	34.8	13.9
3.00	1.500	0.7500	0.300	415	207	138	69.1	34.6	13.8
3.01	1.505	0.7525	0.301	412	206	137	68.6	34.3	13.7
3.02	1.510	0.7550	0.302	409	205	136	68.2	34.1	13.6
3.03	1.515	0.7575	0.303	406	203	135	67.7	33.9	13.5
3.04	1.520	0.7600	0.304	404	202	135	67.3	33.6	13.5
3.05	1.525	0.7625	0.305	401	200	134	66.8	33.4	13.4
3.06	1.530	0.7650	0.306	398	199	133	66.4	33.2	13.3
3.07	1.535	0.7675	0.307	395	198	132	65.9	33.0	13.2
3.08	1.540	0.7700	0.308	393	196	131	65.5	32.7	13.1
3.09	1.545	0.7725	0.309	390	195	130	65.0	32.5	13.0
3.10	1.550	0.7750	0.310	388	194	129	64.6	32.3	12.9
3.11	1.555	0.7775	0.311	385	193	128	64.2	32.1	12.8
3.12	1.560	0.7800	0.312	383	191	128	63.8	31.9	12.8
3.13	1.565	0.7825	0.313	380	190	127	63.3	31.7	12.7
3.14	1.570	0.7870	0.314	378	189	126	62.9	31.5	12.6
3.15	1.575	0.7875	0.315	375	188	125	62.5	31.3	12.5
3.16	1.580	0.7900	0.316	373	186	124	62.1	31.1	12.4
3.17	1.585	0.7925	0.317	370	185	123	61.7	30.9	12.3
3.18	1.590	0.7950	0.318	368	184	123	61.3	30.7	12.3
3.19	1.595	0.7975	0.319	366	183	122	60.9	30.5	12.2

（续）

球直径 D/mm				试验力-压头球直径平方的比率 $0.102\times F/D^2$					
				30	15	10	5	2.5	1
				试验力 F/N					
10	—	—	—	29420	14710	9807	4903	2452	980.7
—	5	—	—	7355	—	2452	1226	612.9	245.2
—	—	2.5	—	1839	—	612.9	306.5	153.2	61.29
—	—	—	1	294.2	—	98.07	49.03	24.52	9.807
压痕平均直径 d/mm				布氏硬度 HBW					
3.20	1.600	0.8000	0.320	363	182	121	60.5	30.3	12.1
3.21	1.605	0.8025	0.321	361	180	120	60.1	30.1	12.0
3.22	1.610	0.8050	0.322	359	179	120	59.8	29.9	12.0
3.23	1.615	0.8075	0.323	356	178	119	59.4	29.7	11.9
3.24	1.620	0.8100	0.324	354	177	118	59.0	29.5	11.8
3.25	1.625	0.8125	0.325	352	176	117	58.6	29.3	11.7
3.26	1.630	0.8150	0.326	350	175	117	58.3	29.1	11.7
3.27	1.635	0.8175	0.327	347	174	116	57.9	29.0	11.6
3.28	1.640	0.8200	0.328	345	173	115	57.5	28.8	11.5
3.29	1.645	0.8225	0.329	343	172	114	57.2	28.6	11.4
3.30	1.650	0.8250	0.330	341	170	114	56.8	28.4	11.4
3.31	1.655	0.8275	0.331	339	169	113	56.5	28.2	11.3
3.32	1.660	0.8300	0.332	337	168	112	56.1	28.1	11.2
3.33	1.665	0.8325	0.333	335	167	112	55.8	27.9	11.2
3.34	1.670	0.8350	0.334	333	166	111	55.4	27.7	11.1
3.35	1.675	0.8375	0.335	331	165	110	55.1	27.5	11.0
3.36	1.680	0.8400	0.336	329	164	110	54.8	27.4	11.0
3.37	1.685	0.8425	0.337	326	163	109	54.4	27.2	10.9
3.38	1.690	0.8450	0.338	325	162	108	54.1	27.0	10.8
3.39	1.695	0.8475	0.339	323	161	108	53.8	26.9	10.8
3.40	1.700	0.8500	0.340	321	160	107	53.4	26.7	10.7
3.41	1.705	0.8525	0.341	319	159	106	53.1	26.6	10.6
3.42	1.710	0.8550	0.342	317	158	106	52.8	26.4	10.6
3.43	1.715	0.8575	0.343	315	157	105	52.5	26.2	10.5
3.44	1.720	0.8600	0.344	313	156	104	52.2	26.1	10.4
3.45	1.725	0.8625	0.345	311	156	104	51.8	25.9	10.4
3.46	1.730	0.8650	0.346	309	155	103	51.5	25.8	10.3
3.47	1.735	0.8675	0.347	307	154	102	51.2	25.6	10.2
3.48	1.740	0.8700	0.348	306	153	102	50.9	25.5	10.2
3.49	1.745	0.8725	0.349	304	152	101	50.6	25.3	10.1
3.50	1.750	0.8750	0.350	302	151	101	50.3	25.2	10.1
3.51	1.755	0.8775	0.351	300	150	100	50.0	25.0	10.0
3.52	1.760	0.8800	0.352	298	149	99.5	49.7	24.9	9.95
3.53	1.765	0.8825	0.353	297	148	98.9	49.4	24.7	9.89
3.54	1.770	0.8850	0.354	295	147	98.3	49.2	24.6	9.83
3.55	1.775	0.8875	0.355	293	147	97.7	48.9	24.4	9.77
3.56	1.780	0.8900	0.356	292	146	97.2	48.6	24.3	9.72
3.57	1.785	0.8925	0.357	290	145	96.6	48.3	24.2	9.66
3.58	1.790	0.8950	0.358	288	144	96.1	48.0	24.0	9.61
3.59	1.795	0.8975	0.359	286	143	95.5	47.7	23.9	9.55

（续）

球直径 D/mm				试验力-压头球直径平方的比率 $0.102 \times F/D^2$					
				30	15	10	5	2.5	1
				试验力 F/N					
10	—	—	—	29420	14710	9807	4903	2452	980.7
—	5	—	—	7355	—	2452	1226	612.9	245.2
—	—	2.5	—	1839	—	612.9	306.5	153.2	61.29
—	—	—	1	294.2	—	98.07	49.03	24.52	9.807
压痕平均直径 d/mm				布氏硬度 HBW					
3.60	1.800	0.9000	0.360	285	142	95.0	47.5	23.7	9.50
3.61	1.805	0.9025	0.361	283	142	94.4	47.2	23.6	9.44
3.62	1.810	0.9050	0.362	282	141	93.9	46.9	23.5	9.39
3.63	1.815	0.9075	0.363	280	140	93.3	46.7	23.3	9.33
3.64	1.820	0.9100	0.364	278	139	92.8	46.4	23.2	9.28
3.65	1.825	0.9125	0.365	277	138	92.3	46.1	23.1	9.23
3.66	1.830	0.9150	0.366	275	138	91.8	45.9	22.9	9.18
3.67	1.835	0.9175	0.367	274	137	91.2	45.6	22.8	9.12
3.68	1.840	0.9200	0.368	272	136	90.7	45.4	22.7	9.07
3.69	1.845	0.9225	0.369	271	135	90.2	45.1	22.6	9.02
3.70	1.850	0.9250	0.370	269	135	89.7	44.9	22.4	8.97
3.71	1.855	0.9275	0.371	268	134	89.2	44.6	22.3	8.92
3.72	1.860	0.9300	0.372	266	133	88.7	44.4	22.2	8.87
3.73	1.865	0.9325	0.373	265	132	88.2	44.1	22.1	8.82
3.74	1.870	0.9350	0.374	263	132	87.7	43.9	21.9	8.77
3.75	1.875	0.9375	0.375	262	131	87.2	43.6	21.8	8.72
3.76	1.880	0.9400	0.376	260	130	86.8	43.4	21.7	8.68
3.77	1.885	0.9425	0.377	259	129	86.3	43.1	21.6	8.63
3.78	1.890	0.9450	0.378	257	129	85.8	42.9	21.5	8.58
3.79	1.895	0.9475	0.379	256	128	85.3	42.7	21.3	8.53
3.80	1.900	0.9500	0.380	255	127	84.9	42.4	21.2	8.49
3.81	1.905	0.9525	0.381	253	127	84.4	42.2	21.1	8.44
3.82	1.910	0.9550	0.382	252	126	83.9	42.0	21.0	8.39
3.83	1.915	0.9575	0.383	250	125	83.5	41.7	20.9	8.35
3.84	1.920	0.9600	0.384	249	125	83.0	41.5	20.8	8.30
3.85	1.925	0.9625	0.385	248	124	82.6	41.3	20.6	8.26
3.86	1.930	0.9650	0.386	246	123	82.1	41.1	20.5	8.21
3.87	1.935	0.9675	0.387	245	123	81.7	40.9	20.4	8.17
3.88	1.940	0.9700	0.388	244	122	81.3	40.6	20.3	8.13
3.89	1.945	0.9725	0.389	242	121	80.8	40.4	20.2	8.08
3.90	1.950	0.9750	0.390	241	121	80.4	40.2	20.1	8.04
3.91	1.955	0.9775	0.391	240	120	80.0	40.0	20.0	8.00
3.92	1.960	0.9800	0.392	239	119	79.5	39.8	19.9	7.95
3.93	1.965	0.9825	0.393	237	119	79.1	39.6	19.8	7.91
3.94	1.970	0.9850	0.394	236	118	78.7	39.4	19.7	7.87
3.95	1.975	0.9875	0.395	235	117	78.3	39.1	19.6	7.83
3.96	1.980	0.9900	0.396	234	117	77.9	38.9	19.5	7.79
3.97	1.985	0.9925	0.397	232	116	77.5	38.7	19.4	7.75
3.98	1.990	0.9950	0.398	231	116	77.1	38.5	19.3	7.71
3.99	1.995	0.9975	0.399	230	115	76.7	38.3	19.2	7.67

（续）

球直径 D/mm				试验力-压头球直径平方的比率 $0.102\times F/D^2$					
				30	15	10	5	2.5	1
				试验力 F/N					
10	—	—	—	29420	14710	9807	4903	2452	980.7
—	5	—	—	7355	—	2452	1226	612.9	245.2
—	—	2.5	—	1839	—	612.9	306.5	153.2	61.29
—	—	—	1	294.2	—	98.07	49.03	24.52	9.807
压痕平均直径 d/mm				布氏硬度 HBW					
4.00	2.000	1.0000	0.400	229	114	76.3	38.1	19.1	7.63
4.01	2.005	1.0025	0.401	228	114	75.9	37.9	19.0	7.59
4.02	2.010	1.0050	0.402	226	113	75.5	37.7	18.9	7.55
4.03	2.015	1.0075	0.403	225	113	75.1	37.5	18.8	7.51
4.04	2.020	1.0100	0.404	224	112	74.7	37.3	18.7	7.47
4.05	2.025	1.0125	0.405	223	111	74.3	37.1	18.6	7.43
4.06	2.030	1.0150	0.406	222	111	73.9	37.0	18.5	7.39
4.07	2.035	1.0175	0.407	221	110	73.5	36.8	18.4	7.35
4.08	2.040	1.0200	0.408	219	110	73.2	36.6	18.3	7.32
4.09	2.045	1.0225	0.409	218	109	72.8	36.4	18.2	7.28
4.10	2.050	1.0250	0.410	217	109	72.4	36.2	18.1	7.24
4.11	2.055	1.0275	0.411	216	108	72.0	36.0	18.0	7.20
4.12	2.060	1.0300	0.412	215	108	71.7	35.8	17.9	7.17
4.13	2.065	1.0325	0.413	214	107	71.3	35.7	17.8	7.13
4.14	2.070	1.0350	0.414	213	106	71.0	35.5	17.7	7.10
4.15	2.075	1.0375	0.415	212	106	70.6	35.3	17.6	7.06
4.16	2.080	1.0400	0.416	211	105	70.2	35.1	17.6	7.02
4.17	2.085	1.0425	0.417	210	105	69.9	34.9	17.5	6.99
4.18	2.090	1.0450	0.418	209	104	69.5	34.8	17.4	6.95
4.19	2.095	1.0475	0.419	208	104	69.2	34.6	17.3	6.92
4.20	2.100	1.0500	0.420	207	103	68.8	34.4	17.2	6.88
4.21	2.105	1.0525	0.421	205	103	68.5	34.2	17.1	6.85
4.22	2.110	1.0550	0.422	204	102	68.2	34.1	17.0	6.82
4.23	2.115	1.0575	0.423	203	102	67.8	33.9	17.0	6.78
4.24	2.120	1.0600	0.424	202	101	67.5	33.7	16.9	6.75
4.25	2.125	1.0625	0.425	201	101	67.1	33.6	16.8	6.71
4.26	2.130	1.0650	0.426	200	100	66.8	33.4	16.7	6.68
4.27	2.135	1.0675	0.427	199	99.7	66.5	33.2	16.6	6.65
4.28	2.140	1.0700	0.428	198	99.2	66.2	33.1	16.5	6.62
4.29	2.145	1.0725	0.429	198	98.8	65.8	32.9	16.5	6.58
4.30	2.150	1.0750	0.430	197	98.3	65.5	32.8	16.4	6.55
4.31	2.155	1.0775	0.431	196	97.8	65.2	32.6	16.3	6.52
4.32	2.160	1.0800	0.432	195	97.3	64.9	32.4	16.2	6.49
4.33	2.165	1.0825	0.433	194	96.8	64.6	32.3	16.1	6.46
4.34	2.170	1.0850	0.434	193	96.4	64.2	32.1	16.1	6.42
4.35	2.175	1.0875	0.435	192	95.9	63.9	32.0	16.0	6.39
4.36	2.180	1.0900	0.436	191	95.4	63.6	31.8	15.9	6.36
4.37	2.185	1.0925	0.437	190	95.0	63.3	31.7	15.8	6.33
4.38	2.190	1.0950	0.438	189	94.5	63.0	31.5	15.8	6.30
4.39	2.195	1.0975	0.439	188	94.1	62.7	31.4	15.7	6.27

（续）

球直径 D/mm				试验力-压头球直径平方的比率 $0.102\times F/D^2$					
				30	15	10	5	2.5	1
				试验力 F/N					
10	—	—	—	29420	14710	9807	4903	2452	980.7
—	5	—	—	7355	—	2452	1226	612.9	245.2
—	—	2.5	—	1839	—	612.9	306.5	153.2	61.29
—	—	—	1	294.2	—	98.07	49.03	24.52	9.807
压痕平均直径 d/mm				布氏硬度 HBW					
4.40	2.200	1.1000	0.440	187	93.6	62.4	31.2	15.6	6.24
4.41	2.205	1.1025	0.441	186	93.2	62.1	31.1	15.5	6.21
4.42	2.210	1.1050	0.442	185	92.7	61.8	30.9	15.5	6.18
4.43	2.215	1.1075	0.443	185	92.3	61.5	30.8	15.4	6.15
4.44	2.220	1.1100	0.444	184	91.8	61.2	30.6	15.3	6.12
4.45	2.225	1.1125	0.445	183	91.4	60.9	30.5	15.2	6.09
4.46	2.230	1.1150	0.446	182	91.0	60.6	30.3	15.2	6.06
4.47	2.235	1.1175	0.447	181	90.5	60.4	30.2	15.1	6.04
4.48	2.240	1.1200	0.448	180	90.1	60.1	30.0	15.0	6.01
4.49	2.245	1.1225	0.449	179	89.7	59.8	29.9	14.9	5.98
4.50	2.250	1.1250	0.450	179	89.3	59.5	29.8	14.9	5.95
4.51	2.255	1.1275	0.451	178	88.9	59.2	29.6	14.8	5.92
4.52	2.260	1.1300	0.452	177	88.4	59.0	29.5	14.7	5.90
4.53	2.265	1.1325	0.453	176	88.0	58.7	29.3	14.7	5.87
4.54	2.270	1.1350	0.454	175	87.6	58.4	29.2	14.6	5.84
4.55	2.275	1.1375	0.455	174	87.2	58.1	29.1	14.5	5.81
4.56	2.280	1.1400	0.456	174	86.8	57.9	29.9	14.5	5.79
4.57	2.285	1.1425	0.457	173	86.4	57.6	28.8	14.4	5.76
4.58	2.290	1.1450	0.458	172	86.0	57.3	28.7	14.3	5.73
4.59	2.295	1.1475	0.459	171	85.6	57.1	28.5	14.3	5.71
4.60	2.300	1.1500	0.460	170	85.2	56.8	28.4	14.2	5.68
4.61	2.305	1.1525	0.461	170	84.8	56.5	28.3	14.1	5.65
4.62	2.310	1.1550	0.462	169	84.4	56.3	28.1	14.1	5.63
4.63	2.315	1.1575	0.463	168	84.0	56.0	28.0	14.0	5.60
4.64	2.320	1.1600	0.464	167	83.6	55.8	27.9	13.9	5.58
4.65	2.325	1.1625	0.465	167	83.3	55.5	27.8	13.9	5.55
4.66	2.330	1.1650	0.466	166	82.9	55.3	27.6	13.8	5.53
4.67	2.335	1.1675	0.467	165	82.5	55.0	27.5	13.8	5.50
4.68	2.340	1.1700	0.468	164	82.1	54.8	27.4	13.7	5.48
4.69	2.345	1.1725	0.469	164	81.8	54.5	27.3	13.6	5.45
4.70	2.350	1.1750	0.470	163	81.4	54.3	27.1	13.6	5.43
4.71	2.355	1.1775	0.471	162	81.0	54.0	27.0	13.5	5.40
4.72	2.360	1.1800	0.472	161	80.7	53.8	26.9	13.4	5.38
4.73	2.365	1.1825	0.473	161	80.3	53.5	26.8	13.4	5.35
4.74	2.370	1.1850	0.474	160	79.9	53.3	26.6	13.3	5.33
4.75	2.375	1.1875	0.475	159	79.6	53.0	26.5	13.3	5.30
4.76	2.380	1.1900	0.476	158	79.2	52.8	26.4	13.2	5.28
4.77	2.385	1.1925	0.477	158	78.9	52.6	26.3	13.1	5.26
4.78	2.390	1.1950	0.478	157	78.5	52.3	26.2	13.1	5.23
4.79	2.395	1.1975	0.479	156	78.2	52.1	26.1	13.0	5.21

（续）

球直径 D/mm				试验力-压头球直径平方的比率 $0.102 \times F/D^2$					
				30	15	10	5	2.5	1
				试验力 F/N					
10	—	—	—	29420	14710	9807	4903	2452	980.7
—	5	—	—	7355	—	2452	1226	612.9	245.2
—	—	2.5	—	1839	—	612.9	306.5	153.2	61.29
—	—	—	1	294.2	—	98.07	49.03	24.52	9.807
压痕平均直径 d/mm				布氏硬度 HBW					
4.80	2.400	1.2000	0.480	156	77.8	51.9	25.9	13.0	5.19
4.81	2.405	1.2025	0.481	155	77.5	51.6	25.8	12.9	5.16
4.82	2.410	1.2050	0.482	154	77.1	51.4	25.7	12.9	5.14
4.83	2.415	1.2075	0.483	154	76.8	51.2	25.6	12.8	5.12
4.84	2.420	1.2100	0.484	153	76.4	51.0	25.5	12.7	5.10
4.85	2.425	1.2125	0.485	152	76.1	50.7	25.4	12.7	5.07
4.86	2.430	1.2150	0.486	152	75.8	50.5	25.3	12.6	5.05
4.87	2.435	1.2175	0.487	151	75.4	50.3	25.1	12.6	5.03
4.88	2.440	1.2200	0.488	150	75.1	50.1	25.0	12.5	5.01
4.89	2.445	1.2225	0.489	150	74.8	49.8	24.9	12.5	4.98
4.90	2.450	1.2250	0.490	149	74.4	49.6	24.8	12.4	4.96
4.91	2.455	1.2275	0.491	148	74.1	49.4	24.7	12.4	4.94
4.92	2.460	1.2300	0.492	148	73.8	49.2	24.6	12.3	4.92
4.93	2.465	1.2325	0.493	147	73.5	49.0	24.5	12.2	4.90
4.94	2.470	1.2350	0.494	146	73.2	48.8	24.4	12.2	4.88
4.95	2.475	1.2375	0.495	146	72.8	48.6	24.3	12.1	4.86
4.96	2.480	1.2400	0.496	145	72.5	48.3	24.2	12.1	4.83
4.97	2.485	1.2425	0.497	144	72.2	48.1	24.1	12.0	4.81
4.98	2.490	1.2450	0.498	144	71.9	47.9	24.0	12.0	4.79
4.99	2.495	1.2475	0.499	143	71.6	47.7	23.9	11.9	4.77
5.00	2.500	1.2500	0.500	143	71.3	47.5	23.8	11.9	4.75
5.01	2.505	1.2525	0.501	142	71.0	47.3	23.7	11.8	4.73
5.02	2.510	1.2550	0.502	141	70.7	47.1	23.6	11.8	4.71
5.03	2.515	1.2575	0.503	141	70.4	46.9	23.5	11.7	4.69
5.04	2.520	1.2600	0.504	140	70.1	46.7	23.4	11.7	4.67
5.05	2.525	1.2625	0.505	140	69.8	46.5	23.3	11.6	4.65
5.06	2.530	1.2650	0.506	139	69.5	46.3	23.2	11.6	4.63
5.07	2.535	1.2675	0.507	138	69.2	46.1	23.1	11.5	4.61
5.08	2.540	1.2700	0.508	138	68.9	45.9	23.0	11.5	4.59
5.09	2.545	1.2725	0.509	137	68.6	45.7	22.9	11.4	4.57
5.10	2.550	1.2750	0.510	137	68.3	45.5	22.8	11.4	4.55
5.11	2.555	1.2775	0.511	136	68.0	45.3	22.7	11.3	4.53
5.12	2.560	1.2800	0.512	135	67.7	45.1	22.6	11.3	4.51
5.13	2.565	1.2825	0.513	135	67.4	45.0	22.5	11.2	4.50
5.14	2.570	1.2850	0.514	134	67.1	44.8	22.4	11.2	4.48
5.15	2.575	1.2875	0.515	134	66.9	44.6	22.3	11.1	4.46
5.16	2.580	1.2900	0.516	133	66.6	44.4	22.2	11.1	4.44
5.17	2.585	1.2925	0.517	133	66.3	44.2	22.1	11.1	4.42
5.18	2.590	1.2950	0.518	132	66.0	44.0	22.0	11.0	4.40
5.19	2.595	1.2975	0.519	132	65.8	43.8	21.9	11.0	4.38

（续）

球直径 D/mm				试验力-压头球直径平方的比率 $0.102\times F/D^2$					
				30	15	10	5	2.5	1
				试验力 F/N					
10	—	—	—	29420	14710	9807	4903	2452	980.7
—	5	—	—	7355	—	2452	1226	612.9	245.2
—	—	2.5	—	1839	—	612.9	306.5	153.2	61.29
—	—	—	1	294.2	—	98.07	49.03	24.52	9.807
压痕平均直径 d/mm				布氏硬度 HBW					
5.20	2.600	1.3000	0.520	131	65.5	43.7	21.8	10.9	4.37
5.21	2.605	1.3025	0.521	130	65.2	43.5	21.7	10.9	4.35
5.22	2.610	1.3050	0.522	130	64.9	43.3	21.6	10.8	4.33
5.23	2.615	1.3075	0.523	129	64.7	43.1	21.6	10.8	4.31
5.24	2.620	1.3100	0.524	129	64.4	42.9	21.5	10.7	4.29
5.25	2.625	1.3125	0.525	128	64.1	42.8	21.4	10.7	4.28
5.26	2.630	1.3150	0.526	128	63.9	42.6	21.3	10.6	4.26
5.27	2.635	1.3175	0.527	127	63.6	42.4	21.2	10.6	4.24
5.28	2.640	1.3200	0.528	127	63.3	42.2	21.1	10.6	4.22
5.29	2.645	1.3225	0.529	126	63.1	42.1	21.0	10.5	4.21
5.30	2.650	1.3250	0.530	126	62.8	41.9	20.9	10.5	4.19
5.31	2.655	1.3275	0.531	125	62.6	41.7	20.9	10.4	4.17
5.32	2.660	1.3300	0.532	125	62.3	41.5	20.8	10.4	4.15
5.33	2.665	1.3325	0.533	124	62.1	41.4	20.7	10.3	4.14
5.34	2.670	1.3350	0.534	124	61.8	41.2	20.6	10.3	4.12
5.35	2.675	1.3375	0.535	123	61.5	41.0	20.5	10.3	4.10
5.36	2.680	1.3400	0.536	123	61.3	40.9	20.4	10.2	4.09
5.37	2.685	1.3425	0.537	122	61.0	40.7	20.3	10.2	4.07
5.38	2.690	1.3450	0.538	122	60.8	40.5	20.3	10.1	4.05
5.39	2.695	1.3475	0.539	121	60.6	40.4	20.2	10.1	4.04
5.40	2.700	1.3500	0.540	121	60.3	40.2	20.1	10.1	4.02
5.41	2.705	1.3525	0.541	120	60.1	40.0	20.0	10.0	4.00
5.42	2.710	1.3550	0.542	120	59.8	39.9	19.9	9.97	3.99
5.43	2.715	1.3575	0.543	119	59.6	39.7	19.9	9.93	3.97
5.44	2.720	1.3600	0.544	119	59.3	39.6	19.8	9.89	3.96
5.45	2.725	1.3625	0.545	118	59.1	39.4	19.7	9.85	3.94
5.46	2.730	1.3650	0.546	118	58.9	39.2	19.6	9.81	3.92
5.47	2.735	1.3675	0.547	117	58.6	39.1	19.5	9.77	3.91
5.48	2.740	1.3700	0.548	117	58.4	38.9	19.5	9.73	3.89
5.49	2.745	1.3725	0.549	116	58.2	38.8	19.4	9.69	3.88
5.50	2.750	1.3750	0.550	116	57.9	38.6	19.3	9.66	3.86
5.51	2.755	1.3775	0.551	115	57.7	38.5	19.2	9.62	3.85
5.52	2.760	1.3800	0.552	115	57.5	38.3	19.2	9.58	3.83
5.53	2.765	1.3825	0.553	114	57.2	38.2	19.1	9.54	3.82
5.54	2.770	1.3850	0.554	114	57.0	38.0	19.0	9.50	3.80
5.55	2.775	1.3875	0.555	114	56.8	37.9	18.9	9.47	3.79
5.56	2.780	1.3900	0.556	113	56.6	37.7	18.9	9.43	3.77
5.57	2.785	1.3925	0.557	113	56.3	37.6	18.8	9.39	3.76
5.58	2.790	1.3950	0.558	112	56.1	37.4	18.7	9.35	3.74
5.59	2.795	1.3975	0.559	112	55.9	37.3	18.6	9.32	3.73

（续）

球直径 D/mm				试验力-压头球直径平方的比率 $0.102 \times F/D^2$					
				30	15	10	5	2.5	1
				试验力 F/N					
10	—	—	—	29420	14710	9807	4903	2452	980.7
—	5	—	—	7355	—	2452	1226	612.9	245.2
—	—	2.5	—	1839	—	612.9	306.5	153.2	61.29
—	—	—	1	294.2	—	98.07	49.03	24.52	9.807
压痕平均直径 d/mm				布氏硬度 HBW					
5.60	2.800	1.4000	0.560	111	55.7	37.1	18.6	9.28	3.71
5.61	2.805	1.4025	0.561	111	55.5	37.0	18.5	9.24	3.70
5.62	2.810	1.4050	0.562	110	55.2	36.8	18.4	9.21	3.68
5.63	2.815	1.4075	0.563	110	55.0	36.7	18.3	9.17	3.67
5.64	2.820	1.4100	0.564	110	54.8	36.5	18.3	9.14	3.65
5.65	2.825	1.4125	0.565	109	54.6	36.4	18.2	9.10	3.64
5.66	2.830	1.4150	0.566	109	54.4	36.3	18.1	9.06	3.63
5.67	2.835	1.4175	0.567	108	54.2	36.1	18.1	9.03	3.61
5.68	2.840	1.4200	0.568	108	54.0	36.0	18.0	8.99	3.60
5.69	2.845	1.4225	0.569	107	53.7	35.8	17.9	8.96	3.58
5.70	2.850	1.4250	0.570	107	53.5	35.7	17.8	8.92	3.57
5.71	2.855	1.4275	0.571	107	53.3	35.6	17.8	8.89	3.56
5.72	2.860	1.4300	0.572	106	53.1	35.4	17.7	8.85	3.54
5.73	2.865	1.4325	0.573	106	52.9	35.3	17.6	8.82	3.53
5.74	2.870	1.4350	0.574	105	52.7	35.1	17.6	8.79	3.51
5.75	2.875	1.4375	0.575	105	52.5	35.0	17.5	8.75	3.50
5.76	2.880	1.4400	0.576	105	52.3	34.9	17.4	8.72	3.49
5.77	2.885	1.4425	0.577	104	52.1	34.7	17.4	8.68	3.47
5.78	2.890	1.4450	0.578	104	51.9	34.6	17.3	8.65	3.46
5.79	2.895	1.4475	0.579	103	51.7	34.5	17.2	8.62	3.45
5.80	2.900	1.4500	0.580	103	51.5	34.3	17.2	8.59	3.43
5.81	2.905	1.4525	0.581	103	51.3	34.2	17.1	8.55	3.42
5.82	2.910	1.4550	0.582	102	51.1	34.1	17.0	8.52	3.41
5.83	2.915	1.4575	0.583	102	50.9	33.9	17.0	8.49	3.39
5.84	2.920	1.4600	0.584	101	50.7	33.8	16.9	8.45	3.38
5.85	2.925	1.4625	0.585	101	50.5	33.7	16.8	8.42	3.37
5.86	2.930	1.4650	0.586	101	50.3	33.6	16.8	8.39	3.36
5.87	2.935	1.4675	0.587	100	50.2	33.4	16.7	8.36	3.34
5.88	2.940	1.4700	0.588	99.9	50.0	33.3	16.7	8.33	3.33
5.89	2.945	1.4725	0.589	99.5	49.8	33.2	16.6	8.30	3.32
5.90	2.950	1.4750	0.590	99.2	49.6	33.1	16.5	8.26	3.31
5.91	2.955	1.4775	0.591	98.8	49.4	32.9	16.5	8.23	3.29
5.92	2.960	1.4800	0.592	98.4	49.2	32.8	16.4	8.20	3.28
5.93	2.965	1.4825	0.593	98.0	49.0	32.7	16.3	8.17	3.27
5.94	2.970	1.4850	0.594	97.7	48.8	32.6	16.3	8.14	3.26
5.95	2.975	1.4875	0.595	97.3	48.7	32.4	16.2	8.11	3.24
5.96	2.980	1.4900	0.596	96.9	48.5	32.3	16.2	8.08	3.23
5.97	2.985	1.4925	0.597	96.6	48.3	32.2	16.1	8.05	3.22
5.98	2.990	1.4950	0.598	96.2	48.1	32.1	16.0	8.02	3.21
5.99	2.995	1.4975	0.599	95.9	47.9	32.0	16.0	7.99	3.20
6.00	3.000	1.5000	0.600	95.5	47.7	31.8	15.9	7.96	3.18

附表7 黑色金属硬度及强度换算表

洛氏硬度		布氏硬度	维氏硬度	近似强度值	洛氏硬度		布氏硬度	维氏硬度	近似强度值
HRC	HRA	HBW30D^2	HV	R_m/MPa	HRC	HRA	HBW30D^2	HV	R_m/MPa
70	(86.6)	—	(1037)	—	43	72.1	401	411	1389
69	(86.1)	—	997	—	42	71.6	391	399	1347
68	(85.5)	—	959	—	41	71.1	380	388	1307
67	85.0	—	923	—	40	70.5	370	377	1268
66	84.4	—	889	—	39	70.0	360	367	1232
65	83.9	—	856	—	38	—	350	357	1197
64	83.3	—	825	—	37	—	341	347	1163
63	82.8	—	795	—	36	—	332	338	1131
62	82.2	—	766	—	35	—	323	329	1100
61	81.7	—	739	—	34	—	314	320	1070
60	81.2	—	713	2607	33	—	306	312	1042
59	80.6	—	688	2496	32	—	298	304	1015
58	80.1	—	664	2391	31	—	291	296	989
57	79.5	—	642	2293	30	—	283	289	964
56	79.0	—	620	2201	29	—	276	281	940
55	78.5	—	599	2115	28	—	269	274	917
54	77.9	—	579	2034	27	—	263	268	895
53	77.4	—	561	1957	26	—	257	261	874
52	76.9	—	543	1885	25	—	251	255	854
51	76.3	(501)	525	1817	24	—	245	249	835
50	75.8	(488)	509	1753	23	—	240	243	816
49	75.3	(474)	493	1692	22	—	234	237	799
48	74.7	(461)	478	1635	21	—	229	231	782
47	74.2	449	463	1581	20	—	225	226	767
46	73.7	436	449	1529	19	—	220	221	752
45	73.2	424	436	1480	18	—	216	216	737
44	72.6	413	423	1434	17	—	211	211	724

（续）

洛氏硬度 HRB	布氏硬度 HBW30D[2]	维氏硬度 HV	近似强度值 R_m/MPa	洛氏硬度 HRB	布氏硬度 HBW30D[2]	维氏硬度 HV	近似强度值 R_m/MPa
100	—	233	803	79	130	143	498
99	—	227	783	78	128	140	489
98	—	222	763	77	126	138	480
97	—	216	744	76	124	135	472
96	—	211	726	75	122	132	464
95	—	206	708	74	120	130	456
94	—	201	691	73	118	128	449
93	—	196	675	72	116	125	442
92	—	191	659	71	115	123	435
91	—	187	644	70	113	121	429
90	—	183	629	69	112	119	423
89	—	178	614	68	110	117	418
88	—	174	601	67	109	115	412
87	—	170	587	66	108	114	407
86	—	166	575	65	107	112	403
85	—	163	562	64	106	110	398
84	—	159	550	63	105	109	394
83	—	156	539	62	104	108	390
82	138	152	528	61	103	106	386
81	136	149	518	60	102	105	383
80	133	146	508	—	—	—	—

注：1. 表中所给出的强度值是指当换算精度要求不高时适用于一般钢种，对于铸铁则不适用。

2. 表中括号内的硬度数值分别超出它们的试验方法所规定的范围，仅供参考使用。

附表 8　常用化学浸蚀试剂

编号	名　称	成　分	适用范围
1	硝酸酒精溶液	HNO_3（1.4）1～5mL 酒精　100mL 含一定量甘油可延缓浸蚀作用 HNO_3 含量增加浸蚀加剧，但选择性腐蚀减少	碳钢及低合金钢： ① 珠光体变黑增加珠光体区域的衬度 ② 显示低碳钢中铁素体晶界 ③ 能显示矽钢片的晶粒 ④ 能识别马氏体和铁素体 ⑤ 显示铬钢的组织
2	苦味酸酒精溶液	苦味酸　4g 酒精　100mL	碳钢及低合金钢： ① 能清晰显示珠光体、马氏体、回火马氏体、贝氏体 ② 显示淬火钢的碳化物 ③ 能识别珠光体与贝氏体

（续）

编号	名称	成分	适用范围
3	盐酸苦味酸酒精溶液	HCl 5mL 苦味酸 1g 酒精 100mL （显示回火组织需要15min左右）	① 能显示淬火回火后的原奥氏体晶粒 ② 显示回火马氏体组织
4	氯化铁盐酸水溶液	$FeCl_3$ 5g HCl 50mL H_2O 100mL	显示奥氏体不锈钢组织
5	硝酸酒精溶液	HNO_3 5~10mL 酒精 95~90mL	显示高速钢组织
6	过硫酸铵水溶液	$(NH_4)_2S_2O_3$ 10g H_2O 9mL	纯铜、黄铜、青铜、铝青铜、Ag-Ni合金
7	氯化铁盐酸水溶液	$FeCl_3$ 5g HCl 10mL H_2O 100mL	纯铜、黄铜、青铜、铝青铜、Ag-Ni合金（黄铜中β相变黑）
8	氢氧化钠水溶液	NaOH 1g H_2O 10mL	铝及铝合金
9	苦味酸水溶液	苦味酸 100g 水 150mL 适量海鸥牌洗净剂	碳钢、合金钢的原奥氏体晶界
10	碱性苦味酸钠水溶液	苦味酸 2g 苛性钠 25g 水 100mL	煮沸15min，渗碳体变黑色，铁素体不变色
11	氢氧化钠饱和水溶液	氢氧化钠饱和水溶液	显示铅基、锡基合金，20~120s
12	氯化铁乙醇水溶液	氯化铁 50g 乙醇 150mL 水 100mL	显示钢淬火后的奥氏体晶界
13	苦味酸乙醚溶液	苦味酸 200mg 乙醚 25mL 水 100mL	显示奥氏体晶粒
14	硝酸盐酸混合液	硝酸 10mL 盐酸 30mL	显示高合金钢、不锈钢的组织和晶界，用棉花拭擦5~60s

附表9 常用电解浸蚀试剂及规范

编号	电解液成分	电解浸蚀规范				用途说明
		温度/℃	电流密度/$A·cm^{-2}$	时间/s	阴极	
1	$FeSO_4$ 3g $Fe_2(SO_4)_3$ 0.1g H_2O 100mL	<40 <40 <40	0.1~0.2 0.1~0.2 0.1~0.2	10~40 30~60 30~60	不锈钢 不锈钢 不锈钢	中碳钢及低合金结构钢 高合金钢 加锰铸铁
2	赤血盐 10g H_2O 90mL	<40	0.2~0.3	40~80	不锈钢	高速钢

（续）

编号	电解液成分	电解浸蚀规范				用途说明
		温度/℃	电流密度/$A \cdot cm^{-2}$	时间/s	阴极	
3	草酸 10g H_2O 100mL		0.1～0.3	40～60（淬火） 5～20（退火）	铂	耐热钢和不锈钢 区别碳化物和σ相
4	CrO_3 10g H_2O 90mL		0.1～0.2 0.2～0.3 0.1～0.3	30～60 30～70 120～140	不锈钢 不锈钢 不锈钢	高合金钢 高锰钢 高速钢
5	$FeSO_4$ 30g NaOH 4g H_2SO_4(1.84) 100mL H_2O 1900mL		8～10V 0.1A	～15	钢	黄铜、青铜以及含有镍和银的铜合金
6	CrO_3 1g H_2O 99mL		6V	3～6	铝	铍青铜及铝青铜
7	高氯酸(60%) 60mL 蒸馏水 40mL		2V	10	铂	Pb、Pb-Sb Pb-Sn 合金
8	氟硼酸 1.8mL 蒸馏水 100mL		30～45V	20	铝	Al 合金

附表 10　化学染色浸蚀试剂

试剂编号	成　分	适　用　合　金
1	1g 偏重亚硫酸钠，100mL 蒸馏水	Fe-C 合金
2	丙酮亚硫酸氢钠 30g，蒸馏水 100mL	Fe-C 合金
3	50mL 冷饱和硫代硫酸钠水溶液，1g 偏重亚硫酸钠	铸铁、非合金钢
4	预浸蚀：25mL 硝酸 +75mL 酒精(95%) 浸蚀：15～35g 偏重亚硫酸钠，100mL 蒸馏水	Fe-Ni(5%～25%)合金
5	50mL 冷饱和硫代硫酸钠水溶液，5g 偏重亚硫酸钠	Mn 钢和 Mn-Cr 钢
6	3g 偏重亚硫酸钠 +1000mL 蒸馏水	碳钢和合金钢
7a	3g 偏重亚硫酸钾，1g 硫酸胺基酸，100mL 蒸馏水	铸铁、碳钢、合金钢和锰钢
7b	3g 偏重亚硫酸钾，1～2g 硫酸胺基酸，0.5～1g 二氟氢铵，100mL 蒸馏水	铁素体及马氏体不锈钢；锰钢和工具钢

（续）

试剂编号	成　分	适 用 合 金
8	3g偏重亚硫酸钾和10g硫代硫酸钠，100mL蒸馏水（先经4%苦味酸酒精溶液预浸蚀）	Fe-Mn合金（w_{Mn}=5%～18%）、Fe-C合金
9a	储存液：1体积的HCl（35%）和5体积的蒸馏水 使用液：100mL储存液中加入0.5～1g偏重亚硫酸钾	奥氏体不锈钢、马氏体时效钢、沉淀硬化钢
9b	储存液：HCl（35%）与蒸馏水按体积比1:2或1:1或1:0.5配制 使用液：100mL储存液中加入0.6～1g偏重亚硫酸钾，再加入1～3g$FeCl_3$或1g$CuCl_2$或2～10g二氟氢铵	耐蚀和耐热的铁基、镍基及钴基合金
10a	2mLHCl（35%），0.5mL硒酸和100mL酒精	铸铁和钢
10b	5～10mLHCl（35%），1～3mL硒酸和100mL酒精（95%）	铁素体、马氏体和奥氏体不锈钢
10c	20～30mLHCl（35%），1～3mL硒酸和100mL酒精（95%）	耐蚀和耐热合金
10d	2mLHCl（35%），0.5mL硒酸和300mL酒精（80%～85%）（过硫酸铵预浸蚀）	铜合金
11a	1g钼酸钠，100mL蒸馏水，用硝酸酸化到pH2.5～3（硝酸酒精预浸蚀）	铸铁
11b	1g钼酸钠，100～500mg二氟氢铵，100mL蒸馏水，用HNO_3酸化到pH2.5～3.5（硝酸酒精预浸蚀）	碳钢、合金钢
11c	2～3g钼酸钠，5mLHCl（35%），1～2g二氟氢铵，100mL蒸馏水	铝合金和钛合金
12a	240g硫代硫酸钠，24g醋酸铅和30g柠檬酸，1000mL蒸馏水（过硫酸铵预浸蚀）	铜及铜合金
12b	12a试剂100mL，硝酸钠200mL	铸铁和钢
12c	240g硫代硫酸钠，30g柠檬酸，20～25g氯化钠，1000g蒸馏水	铸铁和钢

（续）

试剂编号	成　分	适　用　合　金
13a	200g 铬酸，20g 硫酸钠，17mLHCl（30%），1000mL 蒸馏水	铜和铜合金、铝合金
13b	200g 铬酸，200mL 硫酸，50g 二氟氢铵，1000mL蒸馏水	铝和铝合金
14	20g 二氟氢铵和 0.5g 偏重亚硫酸钾，100mL 蒸馏水	奥氏体不锈钢及焊缝
15	0.5mLHCl，10mL 蒸馏水	Al-Fe-Ni 及普通铸造铝合金
16	0.5%氢氟酸、1.5%盐酸和 2.5%硝酸的水溶液	铸造铝合金
17	20%硫酸水溶液	铝合金
18	10%氯化钠水溶液	铝合金
19	5g 二氟氢铵，100mL 蒸馏水	纯钛和钛合金
20	3g 二氢氟铵，4mL 盐酸（25%），100mL 蒸馏水	钛合金

附表 11　各种合金的化学染色及特征

所用试剂号	操　作	说　明
1	室温，浸入试剂中 60～120s	铁碳合金中板条马氏体、片状马氏体染色
2	室温，浸入试剂中 120s	铁碳合金中马氏体染色
3	室温，浸入试剂中 40～120s	非合金钢中珠光体及硬化相染色，铁素体呈棕黑色（黑红-黑紫），硫化物、磷化物、氮化物呈白色，铸铁中铁素体呈棕色
4	① 在 $25mLHNO_3$ +75mL 酒精中预浸蚀 10s（注意安全，有危险） ② 用 15～35g 偏重亚硫酸、100mL 蒸馏水溶液浸蚀 2min，直到抛光面变成红色	用于 Fe-Ni 合金，不同取向的马氏体束染不同的颜色，显露板条马氏体亚结构 偏重亚硫酸钠的浓度随 Ni 含量而变化
5	浸蚀时间因钢种而不同	Mn、Mn-C、Mn-Cr、ε-马氏体保持白色，α-马氏体染黑色，γ-Fe 染灰色
6	室温浸入试剂 2～3min	铁素体晶粒染色，显露带状组织，用于碳钢和合金钢
7a	室温浸入试剂 30～120s	用于碳钢、合金钢中的铁素体染色
7b	室温浸入试剂直到获得染色	通常用于铁素体和马氏体不锈钢显微组织的染色，显露 δ-铁素体

（续）

所用试剂号	操　作	说　明
8	用4%苦味酸酒精预浸蚀1～2min 室温浸蚀2min或直到抛光而呈蓝红色	用于碳钢、合金钢和Fe-Mn（w_{Mn}=5%～18%）钢，也用于铸铁、铁素体染色，碳化物、磷化物、氮化物呈白色，为了显示晶粒取向，可浸蚀4～5min，直到出现线条排列特征
9	100mL试剂加上2g二氟氢铵再加1g偏重亚硫酸钾，室温浸蚀5～8s	用于碳钢、合金钢、工具钢，马氏体呈蓝色，奥氏体呈红色
10	用2%硝酸酒精预浸蚀，浸入试剂中2～3min	用于碳钢和工具钢，渗氮钢中渗氮区染色。铁素体保持光亮色，碳化物染色从黑到蓝
11	用硝酸酒精预浸蚀，室温浸蚀30～60s	用于碳钢、合金钢、工具钢，碳化物染色从棕到紫，铁素体从白到黄色，取决于二氟氢铵的量
12a	用2%硝酸酒精预浸蚀，浸入试剂中2～3min	用于铸铁，渗碳体呈红-紫色，磷化物呈蓝-绿色，铁素体呈光亮色
12b	用2%硝酸酒精预浸蚀，浸入试剂直到表面变成蓝-紫色	用于铸铁，磷化物显黄棕色，硫化物显光亮色，其余相显蓝-紫色

参考文献

[1] 崔占全,孙振国.工程材料[M].3版.北京:机械工业出版社,2013.
[2] 朱张校.工程材料[M].北京:清华大学出版社,2001.
[3] 郑明新.工程材料[M].北京:清华大学出版社,1993.
[4] 王焕庭.机械工程材料[M].大连:大连理工大学出版社,1991.
[5] 崔占全,王昆林,吴润.金属学与热处理[M].北京:北京大学出版社,2010.
[6] 蔡珣.材料科学与工程基础[M].上海:上海交通大学出版社,2010.
[7] 马泗春.材料科学基础[M].西安:陕西科技出版社,1998.
[8] 崔占全,邱平善.工程材料[M].哈尔滨:哈尔滨工程大学出版社,2001.
[9] 赵品,等.材料科学基础教程[M].哈尔滨:哈尔滨工业大学出版社,2002.
[10] 张立德,牟季美.纳米材料和纳米结构[M].北京:北京科技出版社,2001.
[11] 郑明新,朱张校.工程材料习题与辅导[M].北京:清华大学出版社,1993.
[12] 邱平善,等.工程材料辅助教材[M].哈尔滨:哈尔滨工程大学出版社,2001.